智能电网发展与创新研究

张新英　付川南　林婷婷　著

吉林科学技术出版社

图书在版编目（CIP）数据

智能电网发展与创新研究 / 张新英， 付川南， 林婷婷著. -- 长春 : 吉林科学技术出版社， 2022.11

ISBN 978-7-5578-9949-3

Ⅰ. ①智… Ⅱ. ①张… ②付… ③林… Ⅲ. ①智能控制—电网—研究 Ⅳ. ①TM76

中国版本图书馆 CIP 数据核字 (2022) 第 206765 号

智能电网发展与创新研究

著 张新英 付川南 林婷婷
出版人 宛 霞
责任编辑 赵海娇
封面设计 树人教育
制 版 树人教育
幅面尺寸 185mm×260mm
开 本 16
字 数 200 千字
印 张 9
印 数 1-1500 册
版 次 2022 年 11 月第 1 版
印 次 2023 年 3 月第 1 次印刷

出 版 吉林科学技术出版社
发 行 吉林科学技术出版社
地 址 长春市南关区福祉大路 5788 号出版大厦 A 座
邮 编 130118
发行部电话 / 传真 0431—81629529 81629530 81629531
81629532 81629533 81629534
储运部电话 0431—86059116
编辑部电话 0431—81629520
印 刷 三河市嵩川印刷有限公司

书 号 ISBN 978-7-5578-9949-3
定 价 80.00 元

前　言

随着人们物质生活水平的显著提升，居民和社会大众对供电质量和供电量提出了更高的要求，这就需要电力系统及时做出改变，对电网系统进行有效完善，促进电网系统科学发展。智能电网是未来电网发展的主流方向，我国发展智能电网也是大势所趋。2015 年，“智能电网”第六次被写入中国政府工作报告；而“互联网 +”计划的提出更为智能电网的发展提供了良好的突破口。智能电网可以看作是“以云计算、物联网和大数据为代表的新一代信息技术 + 传统电力行业”的产物，届时电网各个环节的设备都可以连接到互联网平台上。

当前，国家电网公司着力加强信息通信领域的基础前瞻性研究，深化信息技术（IT）与电网技术融合，加快坚强智能电网建设，构建全球能源互联网。这一系列举措与“互联网 +”行动计划高度契合。在国家加快实施创新驱动发展和“一带一路”倡议的宏观背景下，其重要作用和时代特征更为鲜明和突出。

本书主要结合实际情况，对智能电网发展与创新进行研究，首先概述了智能电网的概念、优势、特征以及智能电网发展现状，然后详细探讨了智能电网与“互联网 +”、“互联网 +”智慧能源、我国智能电网与能源网融合的技术，最后重点分析了“互联网 +”模式在智能电网中的实践以及智能电网与电动汽车中的电力电子技术等相关内容，希望通过该次研究对更好积累相关工作经验有一定助益。

本书在撰写过程中，得到了多位专家和领导的无私帮助和支持，在此表示衷心感谢。本书借鉴和引用了书籍以及期刊等相关资料，也在此谨向本书所引用资料的作者表示诚挚的感谢。由于作者水平有限，难免有不足之处，恳请读者进行批评和指正。

目录

第一章　智能电网概述

第一节　智能电网的概念

一、智能电网的背景

20 世纪，大电网作为工程领域的最大成就之一，体现了能源工业的战略布局，是实现各种一次能源转换成电力能源之后进行相互调剂、互为补充的迅速、灵活、高效的能源流通渠道。然而，世界能源体系正面临着抉择，目前全球能源供应和消费的发展趋势从环境、经济、社会等方面来看具有明显的不可持续性。在当前世界能源短缺危机日益严重、电力系统规模的持续增长、气候环境变化加剧等因素的影响下，21 世纪电力供应面临一系列新的挑战。因此，欧盟、美国和中国针对保证 21 世纪能源供应面临的技术问题、技术难点和技术路线开展了深入的研究，提出了智能电网的概念。目前，这些国家和地区将智能电网提高到国家战略的高度，将发展智能电网视为关系到国家安全、经济发展和环境保护的重要举措。

随着我国东南沿海大开发的迅猛推进，风力发电、光伏发电等新能源产业发展迅速，其接入以及正常运行对电网的影响日益显现，电网面临着巨大挑战和机遇。一方面，电网需要应对日益严峻的资源和环境压力，实现大范围的资源优化配置，提高全天候运行能力，满足能源结构调整的需要，适应电力体制改革；另一方面，输配电、发电、信息化、数字化等技术的进步也为解决这一系列问题提供了坚实的技术支持。由此，智能电网成为现代电力工业发展的方向。智能电网是解决 21 世纪电力供应面临问题的有效途径。

二、智能电网的定义

目前，智能电网并没有一个统一的定义。由于不同国家的国情不同，所处的发展阶段及资源分布也不尽相同，因而各个国家的智能电网在内涵及发展的方向、重点等诸多方面有着显而易见的区别，具体如下：

美国电科院（EPRI）提出，智能电网是由多个自动化的输电和配电系统构成以协调、有效和可靠的方式运作。快速响应电力市场和企业需求；利用现代通信技术，实现实时、安全和灵活的信息流，为用户提供可靠、经济的电力服务；具有快速诊断、消除故障的自愈功能。

欧洲技术论坛提出，智能电网是集创新工具和技术、产品与服务于一体，利用高级感应、通信和控制技术，为客服的终端装置及设备提供发电、输电和配电一条龙服务，它实现了与客户的双向交换，从而提供更多信息选择、更大的能量输出、更高的需要参与率及能源效率。

日本电力中央研究所提出，智能电网是实现低碳社会必需的，能够确保安全可靠供电、使可再生能源发电能够顺利接入和得到有效利用、统筹电力用户需求实现节能和提高能效的综合系统。

国家电网公司提出，智能电网是以特高压电网为骨干网架，各级电网协调发展，具有信息化、数字化、自动化、互动化特征的“统一坚强智能电网”。

南方电网公司提出，当前智能电网的定义还处在不断探索完善的过程中，但概念已涵盖了提高电网科技含量，提高能源综合利用效率，提高供电可靠性，促进节能减排，促进新能源的利用，促进资源优化配置等内容，是一项社会联动的系统工程，最终实现电网效益和社会效益最大化。

中国科学院《经济时报》武建东提出，智能电网核心实质是“互动电网”，是“智能能源网”的一个有机组成部分。建设“智能能源网”是为了整合电力、水、热等各类网络性资源 / 能源，提高能源 / 资源的利用效率。

按照我国著名能源问题专家武建东先生的描述，将智能电网称为智能互动电网或互动电网，“互动电网”是指在开放和互联的信息模式基础上，通过加载系统数字设备和升级电网网络管理系统，实现发电、输电、供电、用电、客户售电、电网分级调度、综合服务等电力产业全流程的智能化、信息化、分级化互动管理，是集合了产业革命、技术革命和管理革命的综合性的效率变革。智能电网的核心内涵是实现电网的信息化、数字化、自动化和互动化，简称为“坚强的智能电网”。智能电网概念提出的时间虽然不长，但人们对这项变革的热情却极为高涨，其根本原因是，智能电网战略不仅为全球能源转型提供了一个重要的契机，更为电力设备行业提供了无限的商机和难得的发展机遇。

由于智能电网的研究利用尚处于起步阶段，各国国情及资源分布不同，发展的方向和侧重点也不尽相同，国际上对其还没有达成统一而明确的定义。根据目前的研究情况，智能电网就是为电网注入新技术，包括先进的通信技术、计算机技术、信息技术、自动控制技术和电力工程技术等，从而赋予电网某种人工智能，使其具有较强的应变能力，成为一个完全自动化的供电网络。智能电网就是电网的智能化（智电电力），也被称为“电网 2.0”，它是建立在集成的、高速双向通信网络的基础上，通过先进的传感和测量技术、先进的设备技术、先进的控制方法以及先进的决策支持系统技术的应用，实现电网的可靠、安全、经济、高效、环境友好和使用安全的目标，其主要特征包括自愈、激励和包括用户、抵御攻击、提供满足 21 世纪用户需求的电能质量、容许各种不同发电形式的接入、启动电力市场以及资产的优化高效运行。

目前，国际上绝大多数专家认可的定义是：以物理电网为基础，将现代先进的传感测量技术、通信技术、信息技术、计算机技术和控制技术与物理电网高度集成而形成的新型电网。它以充分满足用户对电力的需求和优化资源配置、确保电力供应的安全性、可靠性和经济性、满足环保约束、保证电能质量、适应电力市场化发展等为目的，实现对用户可靠、经济、清洁、互动的电力供应和增值服务。中国的智能电网被定义为“坚强的智能化电网”，即以特高压电网为骨干网架、各级电网协调发展的坚强电网为基础，利用先进的通信、信息和控制技术，构建以信息化、自动化、数字化、互动化为特征的统一的坚强智能化电网。通过电力流、业务流、信息流的一体化融合，实现多元化电源和不同特征电力用户的灵活接入和方便使用，极大提高电网的资源优化配置能力，大幅提升电网的服务能力，带动电力行业及其他产业的技术升级，满足我国经济社会全面、协调、可持续发展要求。智能电网的建设涉及电网发、输、配、售、用的各个环节。

综合而言，智能电网的本质就是能源替代和兼容利用，它需要在创建开放的系统和建立共享的信息模式基础上，整合系统中的数据，优化电网的运行和管理。它主要是通过终端传感器将用户之间、用户和电网公司之间形成即时连接的网络互动，从而实现数据读取的实时（real-time）、高速（high-speed）、双向（two-way）的效果，整体性地提高电网的综合效率。它可以利用传感器对发电、输电、配电、供电等关键设备的运行状况进行实时监控和数据整合，遇到电力供应高峰期的时候，能够在不同区域间进行及时调度，平衡电力供应缺口，从而达到对整个电力系统运行的优化管理。通过对用户侧和需求侧的随需访问和智能分析，实现更智慧、更科学、更优化的电网运营管理，以实现更高的安全保障、更可控的节能减排和可持续发展的目标。同时，智能电表也可以作为互联网路由器，推动电力部门以其终端用户为基础，进行通信、运行宽带业务或传播电视信号，智能电网进一步可计划和尝试为终端用户提供无线即时宽带和视讯服务。

智能电网是一个数字化自愈能源体系，将电力从发电源（包括分布式可再生能源）传输到消费端。其可观测、可控制、自动化和集成化能力，使得智能电网能够优化电力供应，促进电网的双向沟通，实现终端用户能源管理，最大限度减少供电中断，并按需传输电量。其带来的结果是电厂和客户承担的成本降低，电力供应可靠性提高，而碳排放量大大减少。

第二节　智能电网的优势

“十二五”期间，国家电网将投资5000亿元，建成连接大型能源基地与主要负荷中心的“三横三纵”的特高压骨干网架和13项长距离支流输电工程，初步建成核心的世界一流的坚强智能电网。

国家电网制定的《坚强智能电网技术标准体系规划》，明确了坚强智能电网技术标准路线图，是世界上首个用于引导智能电网技术发展的纲领性标准。国网公司的规划是，到2015年基本建成具有信息化、自动化、互动化特征的坚强智能电网，形成以华北、华中、华东为受端，以西北、东北电网为送端的三大同步电网，使电网的资源配置能力、经济运行效率、安全水平、科技水平和智能化水平得到全面提升。

智能电网是人类面对电力供需平衡、新能源的接入、电网可靠性以及信息安全挑战的一种必然选择。它代表了电网将来进化的一种愿景，结合先进的自动化技术、信息技术以及可控电力设备，支持从发电到用电的整个电力供应环节的优化管理，尤其是新能源的接入以及电网的安全运行。智能电网在电网安全运行、可为用户可靠提供高质量电能前提下，提高能源使用效率，减少对环境影响，同时可以形成新的产业群，促进就业。

一、智能电网的特点

智能电网的特点如下：

（1）自愈——稳定可靠。自愈是实现电网安全可靠运行的主要功能，指无需或仅需少量人为干预，实现电力网络中存在问题元器件的隔离或使其恢复正常运行，最小化或避免用户的供电中断。

（2）安全——抵御攻击。无论是物理系统还是计算机遭到外部攻击，智能电网均能有效抵御由此造成的对电力系统本身的攻击伤害以及对其他领域形成的伤害，一旦发生中断，也能很快恢复运行。

（3）兼容——发电资源。传统电力网络主要是面向远端集中式发电的，通过在电源互联领域引入类似于计算机中的“即插即用”技术（尤其是分布式发电资源），电网可以容纳包含集中式发电在内的多种不同类型电源甚至是储能装置。

（4）交互——电力用户。电网在运行中与用户设备和行为进行交互，将其视为电力系统的完整组成部分之一，可以促使电力用户发挥积极作用，实现电力运行和环境保护等多方面的收益。

（5）协调——电力市场。与批发电力市场甚至是零售电力市场实现无缝衔接，有效的市场设计可以提高电力系统的规划、运行和可靠性管理水平，电力系统管理能力的提升促进电力市场竞争效率的提高。

（6）高效——资产优化。引入最先进的信息和监控技术优化设备和资源的使用效益可以提高单个资产的利用效率，从整体上实现网络运行和扩容的优化，降低它的运行维护成本和投资。

（7）优质——电能质量。在数字化、高科技占主导的经济模式下，电力用户的电能质量能够得到有效保障，实现电能质量的差别定价。

（8）集成——信息系统。实现包括监视、控制、维护、能量管理（EMS）、配电管理（DMS）、市场运营（MOS）、企业资源规划（ERP）等和其他各类信息系统之间的综合集成并实现在此基础上的业务集成。

在当今讲求绿色可持续发展的高速信息化社会中，电网已成为工业化、信息化社会发展的基础和重要组成部分。同时，电网也在不断吸纳工业化、信息化成果，使各种先进技术在电网中得到集成应用，极大提升了电网系统功能。智能电网是指运用IT技术自动控制电力供求平衡的第二代供电网。主要利用能够进行双向通信的智能电表，即时掌握家庭太阳能发电量和电力消费量等信息。电力公司也可以通过智能电表控制空调运转等实现节能。加强太阳能和风力等开发利用以及电力稳定供应，必须构建智能电网。坚强智能电网的建设，将推动智能小区、智能城市的发展，提升人们的生活品质，对于促进节能减排、发展低碳经济具有重要意义。

二、智能电网的优势

智能电网是电网技术发展的必然趋势。通信、计算机、自动化等技术在电网中得到广泛深入的应用，并与传统电力技术有机融合，极大地提升了电网的智能化水平。传感器技术与信息技术在电网中的应用，为系统状态分析和辅助决策提供了技术支持，使电网自愈成为可能。调度技术、自动化技术和柔性输电技术的成熟发展，为可再生能源和分布式电源的开发利用提供了基本保障。通信网络的完善和用户信息采集技术的推广应用，促进了电网与用户的双向互动。随着各种新技术的进一步发展、应用并与物理电网高度集成，智能电网应运而生。智能电网具有以下优势：

（1）能够提高线路输送能力和电网安全稳定水平，具有强大的资源优化配置能力和有效抵御各类严重故障及外力破坏的能力。

（2）能够适应各类电源与用户便捷接入、退出的需要，实现电源、电网和用户资源的协调运行，显著提高电力系统运营效率。

（3）能够精确高效集成、共享与利用各类信息，实现电网运行状态及设备的实时监控和电网优化调度。

（4）能够满足用户对电力供应开放性和互动性的要求，全面提高用电服务质量。

（5）鼓励电力用户参与电力生产和进行选择性消费。提供充分的实时电价信息和合理用电方案，促使用户主动选择与调整电能消费方式。

（6）最大限度兼容各类分布式发电和储能，使分布式电源和集中式大型电源相互补充。

（7）支持电力市场化。允许灵活进行定时间范围的预定电力交易、实时电力交易等。

（8）满足电能质量需要，提供多种的质量 - 价格方案。

（9）实现电网运营优化。以电网的智能化和资产管理软件深度集成为基础，使电力资源和设备得到最有效的利用。

（10）能够抵御外界攻击。具有快速恢复能力，能够识别外界恶意攻击并加以抵御，确保供电安全。

发展智能电网是社会经济发展的必然选择。为实现清洁能源的开发、输送和消纳，电网必须提高其灵活性和兼容性。为抵御日益频繁的自然灾害和外界干扰，电网必须依靠智能化手段不断提高其安全防御能力和自愈能力。为降低运营成本，促进节能减排，电网运行必须更为经济高效，同时须对用电设备进行智能控制，尽可能减少用电消耗。分布式发电、储能技术和电动汽车的快速发展，改变了传统的供用电模式，促使电力流、信息流、业务流不断融合，以满足日益多样化的用户需求。

第三节　智能电网的特征

一、美国智能电网的特征

美国智能电网的特征如下：

（1）自愈。有自愈能力的现代化电网可以发现并对电网的故障做出反应，快速解决，减少停电时间和经济损失。

（2）互动。在现代化电网中，商业、工业和居民等能源消费者可以看到电费价格、有能力选择最合适自己的供电方案和电价。

（3）安全。现代化的电网在建设时就考虑要彻底安全性。

（4）提供适应 21 世纪需求的电能质量。现代化的电网不会有电压跌落、电压尖刺、扰动和中断等电能质量问题，适应数据中心、计算机、电子和自动化生产线的需求。

（5）适应所有的电源种类和电能储存方式。现代化的电网允许即插即用地连接任何电源，包括可再生能源和电能储存设备。

（6）可市场化交易。现代化的电网支持持续的全国性的交易，允许地方性与局部的革新。

（7）优化电网资产，提高运营效率。现代化电网可以在已建成系统中提供更多的能量，仅需建设少许新的基础设施，花费很少的运行维护成本。

二、我国智能电网的特征

我国智能电网的特征如下：

（1）智能电网是自愈电网。把电网中有问题的元件从系统中隔离出来，不用人为干预就可以使系统恢复正常运行，可确保电网的可靠性、电能质量和效率。

（2）智能电网激励和包括用户。鼓励和促进用户参与电力系统的运行和管理。

（3）智能电网将抵御攻击。降低对电网物理攻击和网络攻击的脆弱性，展示被攻击后的快速恢复能力。

（4）智能电网提供满足 21 世纪用户需求的电能质量。智能电网将以不同价格水平提供不同等级的电能质量，以满足用户对不同电能质量水平的需求。

（5）智能电网将减轻来自输电和配电系统中的电能质量事件。通过先进的控制方法检测电网的基本元件，从而快速诊断并准确地提出解决任何电能质量事件的方案。

（6）智能电网将容许各种不同类型发电和储能系统的接入。智能电网将容许各种不同类型的发电和储能系统接入系统，类似于“即插即用”。

（7）智能电网将使电力市场蓬勃发展。智能电网通过市场上供给和需求的互动，可以最有效地管理如能源、容量、容量变化率、潮流阻塞等参量，降低潮流阻塞，扩大市场，汇集更多的买家和卖家。

（8）智能电网优化其资产应用，使运行更加高效。智能电网优化调整其电网资产的管理和运行以实现用最低的成本提供所期望的功能，使电网的运行更加高效。

第二章 智能电网发展现状

目前，美国、欧洲等国家电网正在结合各国经济社会发展特点，积极开展智能电网研究和实践工作。在电网发展基础方面，各国电力需求趋于饱和，电网经过多年的快速发展，架构趋于稳定、成熟，具备较为充裕的输配电供应能力。在研究驱动力方面，美国主要对陈旧老化的电力设施进行彻底的更新改造，欧洲国家主要促进并满足风能、太阳能和生物质能等可再生能源快速发展的需要。在功能目标方面，利用先进的信息化、数字化技术提升电力工业技术装备水平，提高资源利用效率，积极应对环境挑战，提高供电可靠性和电能质量，完善社会用户的增值服务。在国家战略方面，智能电网已成为国家经济和能源政策的重要组成部分，积极应对国际金融危机，加大基础产业投资，拉动国内需求，推动劳动就业。在研究重点方面，主要关注与用户的双向互动，关注可再生能源和分布式电源发展与管理，注重商业模式和技术手段创新，关注配电和用户环节的研究实践。

第一节 美国智能电网发展现状

美国的智能电网又称统一智能电网，是指将基于分散的智能电网结合成全国性的网络体系。这个体系主要包括：通过统一智能电网实现美国电力网格的智能化，解决分布式能源体系的需要，以长短途、高低压的智能网络联结客户电源；在保护环境和生态系统的前提下，营建新的输电电网，实现可再生能源的优化输配，提高电网的可靠性和清洁性；这个系统可以平衡整合类似美国亚利桑那州的太阳能发电和俄亥俄州的工业用电等跨州用电的需求，实现全国范围内的电力优化调度、监测和控制，从而实现美国整体的电力需求管理，实现美国跨区的可再生能源提供的平衡。

这个体系的另一个核心是解决太阳能、氢能、水电能和车辆电能的存储，可以帮助用户出售多余的电能，包括解决电池系统向电网回售富余电能。实际上，这个体系就是以美国的可再生能源为基础，实现美国发电、输电、配电和用电体系的优化管理。而且美国的这个计划也考虑了将加拿大、墨西哥等地电力整合的合作。

早在 2003 年美国电力研究院（Electric Power Research Institute，EPRI）就已经

将未来电网定义为“智能电网”，同年6月，美国能源部输配电办公室发布的名为“Grid2030：电力的下一个100年的国家设想”的报告描绘了美国未来电力系统的设想，并确定了各项研发和试验工作的分阶段目标。2004年美国Bat-telle研究所和IBM公司也先后提出自己对“智能电网”的理解。美国宾夕法尼亚—新泽西—马里兰互联电网（PJM）公司在2006年年底完成的战略规划将智能电网建设作为其发展愿景。2008年美国科罗拉多州的波尔得（Boulder）宣布成为全美第一个智能电网城市，家庭用户可以和电网互动，了解实时电价，合理安排用电；同时电网还可以根据实际情况进行电力的实时调配，提高供电可靠性。

美国发展智能电网的重点在配电和用电侧，推动可再生能源发展，注重商业模式的创新和用户服务的提升。2006年，美国IBM公司与全球电力专业研究机构、电力企业合作制定了“智能电网”解决方案。电力公司可以通过使用传感器、计量表、数字控件和分析工具，自动监控电网，优化电网性能，防止断电，更快地恢复供电，实现消费者对电力使用的管理，也可细化到每个联网的装置。2009年2月，IBM与地中海岛国马耳他签署协议——双方将建立一个“智能公用系统”，以实现该国电网和供水系统的数字化，其中包括在电网中建立一个传感器网络。IBM将提供搜集分析数据的软件，帮助电厂发现机会，降低成本以及碳的排放量。

美国全国范围内有3个交流输电网，由于投入不足、技术陈旧，美国在智能电网建设中更加关注电力网络基础架构的升级更新，以提高电网运行水平和供电可靠性，同时最大限度利用信息技术，实现系统智能对人工的替代。其发展智能电网的重点在配电和用电侧，注重推动可再生能源发展，注重商业模式的创新和用户服务的提升。

奥巴马政府在经济刺激计划中，有大约45亿美元贷款用于智能电网投资和地区示范项目。智能电网采用数字技术收集、交流、处理数据，提高电网系统的效率和可靠性。智能电网的倡导者要让客户相信，智能电网将帮助客户减少电费支出。另外，太阳能等分布式可再生能源、即插即拔式电动车等还将创造大量间接的工作机会，智能电网将带来数百万个“绿色就业机会”。

美国政府围绕智能电网建设，重点推进了核心技术研发，着手制定发展规划。美国政府为了吸引各方力量共同推动智能电网的建设，积极制定了《2010—2014年智能电网研发跨年度项目规划》，旨在全面设置智能电网研发项目，以进一步促进该领域技术的发展和应用。美国标准与技术研究院提出将分三个阶段建立智能电网标准，现已公布“智能电网”的标准化框架——75个标准规格、标准和指导方针。

美国Silver Spring Networks公司为电力公司提供面向智能电网的高级计量基础建设（Advanced Metering Infrastructure，AMI）搭建与运行的解决方案。美国埃森哲公司承担科罗拉多州博尔德智能电网试点项目“智能电网城市”与荷兰阿姆斯特丹、日本横滨智能城市项目的项目管理。

2013 年 6 月，第一个大规模智能电网在佛罗里达投入运行，由佛罗里达电力照明公司负责实施。该智能电网系统使用 450 万个智能电力仪表及 1 万多个其他仪器设备，突出特点是实现了仪器仪表的联网，从而提高电网的灵活性和恢复力。

美国在 2013 年 11 月已有数百万智能电表投入使用，美国标准与技术研究院对智能电网技术安装实施指南进行修订，推进智能电网的建设。美国发展智能电网的重点在配电和用电侧，推动可再生能源发展，注重商业模式的创新和用户服务的提升。它的四个孪生兄弟分别是：高温超导电网、电力储能技术、可再生能源与分布式系统集成（RDSI）和实现传输可靠性及安全控制系统。这个电网发展战略的本质是开发并转型进入“下一代”的电网体系，其战略的核心是先期突破智能电网，之后营建可再生能源和分布式系统集成（RDSI）与电力储能技术，最终集成发展高温超导电网。

美国智能电网五大基本技术包括：第一，综合通信及连接技术，实现建筑物实时控制及信息更新，使电网的每个部分既能“说”又能“听”；第二，传感及计量技术，支持更快更精确的信息反馈，实现用电侧遥控、实时计价管理；第三，先进零部件制造技术，产品用于超导、电力储存、电网诊断等方面的最新研究；第四，先进的控制技术，用于监控电网必要零部件，实现突发事件的快速诊断及快速修复；第五，接口改进技术，支持更强大的人为决策功能，让电网运营商和管理商更具远见性和前瞻性。

美国智能电网的技术创新包括：夏威夷大学的配电管理系统平台（Distribution Management System，DMS），该能源管理平台将由夏威夷大学开发，它让消费者实现了家庭能源管理，并让发电厂的配电系统得到了升级。该平台将与高级计量基础建设（AMI，AMI 是一个用来测量、收集、储存、分析和运用用户用电信息的完整的网络和系统）相结合，实时接收用户端的需求反馈。同时，它与能源自动化系统结合，实现能源节约。此外，该平台实现了分散电力、储存、电力分配系统中负载量的最优化分配及管理，使分配系统成为一个有机整体，与整个电网中的其他整体更好融合。据悉，该平台将在夏威夷州毛伊岛上的一个变电站使用。

伊利诺伊理工学院的“完美能源系统”项目：“完美能源系统”是能满足每个消费者需求的电力系统，它十分具有弹性。该项目将设计微型电网系统，实现电网中不同情况的及时回应，同时增加电网可靠性、减少电力需求。研究人员表示，该系统能够应用在任何大都市中，并使消费者真正成为电力市场中的一分子。

西弗吉尼亚州“超级电路”项目：在西弗吉尼亚州，阿勒格尼电力公司（Allegheny Energy）的“超级电路”项目将把先进的监测、控制和保护技术结合在一起，从而增强供电线路的可靠性与安全性。该电网将整合生物柴油发电、能量储存以及 AMI 和通信网络，迅速预测、确定并帮助解决网络问题。

圣地亚哥“海滨城市微型智能电网”项目：该微型智能电网的性能是独一无二的，它能在发生大规模电网故障时使电网与电站实现精确隔离，并在故障修复后精确再结合，对电力输出几乎不造成影响。在圣地亚哥，“海滨城市微型智能电网”项目将证明把多种分布式能源与先进的控制和通信方法结合在一起是行之有效的。该项目的目标是提高配电网馈线和变电站等电网组成部分的可靠程度并减低高峰负荷。不管是电站发电还是消费者在家中利用太阳能发电，电力储存都能通过 AMI 连接到变电站中，并且高峰负荷不会超过 5 万 kW。

此外，科罗拉多州科林斯堡市及该市的公用事业部门也支持多项清洁能源计划，其中一项涉及在 5 个用户区域内把太阳能和风能等近 30 种可再生能源结合在一起。该计划与其他一些分布式供电系统共同支持该市一个称为 FortZED 的零能耗区。

第二节　欧洲智能电网发展现状

一、欧洲智能电网发展历程

2002 年 4 月，欧盟委员会提出了“欧洲智能能源”计划，并在 2003—2006 年投资 2.15 亿欧元，支持欧盟各国和各地区开展旨在节约能源、发展可再生能源和提高能源使用效率的行动，更好地保护环境，实现可持续发展。2005 年，根据可再生能源和分布式发电的发展要求，欧洲智能电网技术论坛成立。该论坛发表的报告重点研究了未来电网的发展前景和需求，提出了智能电网的优先研究内容和欧洲智能电网的重点领域。在欧盟第五、第六研发框架计划的支持下，欧洲未来电网 Smart Grids（智能电网）技术平台在 2005 年正式启动，适应智能电网的家用电器技术开发进程也随之启动。

欧洲国家发展智能电网主要是促进并满足风能、太阳能和生物质能等可再生能源快速发展的需要，把可再生能源、分布式电源的接入及碳的零排放等环保问题作为侧重点。目前，欧洲各国结合各自的科技优势和电力发展特点，开展了各具特色的智能电网研究和试点项目，英法德等国家着重发展欧洲电网互联，意大利着重发展智能电表及互动化的配电网，而丹麦则着重发展风力发电及其控制技术。

2001 年意大利的电力公司安装和改造了 3000 万台智能电表，建立了智能化计量网络，欧洲其他国家也将智能网络作为一项革命进行推广。

2006 年欧盟理事会的能源绿皮书《欧洲可持续的、竞争的和安全的电能策略》（AEuropean Strategy for Sustainable，Competitive and Secure Energy）明确强调欧洲已经进入一个新能源时代，而智能电网技术是保证欧盟电网电能质量的一个关键技术和发展方向。

英国已制定出“2050 年智能电网线路图”，并支持智能电网技术的研究和示范，建设工作将严格按照路线图执行。

2012年，欧盟27个成员国及其联系国克罗地亚、瑞士和挪威共30个国家投入智能电网研发创新活动的总资本量达到18亿欧元，共资助了281项有关智能电网的研发创新项目。英国、德国、法国和意大利是欧盟智能电网技术应用开发示范项目的4大主要投资国家，而丹麦是欧盟智能电网技术研发创新活动最活跃的国家。欧盟第七研发框架计划（FP7）及欧盟层面的创新基金资助了95%的多国参与及紧密合作研发项目。欧盟第七研发框架计划资助支持的研发项目主要集中在3大领域，即电力消费用户与输电网的双向连接技术、提高输电网能效技术、ICT输电网应用技术。

2013年1月，德国联邦经济技术部、联邦环境部和联邦教研部提出“未来可实现的电力网络”联合倡议，倡议资助的研发计划明确限定在电网领域，重点包括智能配电网、传输网络以及离岸风电的连接和相关的接口等的应用解决方案，同时也考虑能源相关的创新研究、系统分析、标准化和环境方面的问题。

2013年2月，欧洲标准化委员会、欧洲电工标准化委员会和欧洲电信标准化协会制定智能电网、智慧型电表以及电动车充电3项标准。

2013年6月，法国阿尔斯通公司与美国英特尔公司签署全球合作协议在智能电网与智能城市等领域携手合作，开发相关技术和解决方案，重点关注嵌入式智能和IT系统安全，推出未来电网新架构。法国电力公司通过建立智能电网标准体系推进智能电网建设。

2013年7月，美国S&Celectric、韩国三星视界、英国电网公司与德国Ymmicos联合开发“欧洲最大的智能电网储能项目”，该项目建在英国贝德福德郡莱顿巴扎德的英国电网变电站。

丹麦在2013年启动新的智能电网战略，以推进消费者自主管理能源消费的步伐。该战略将综合推行以小时计数的新型电表，采取多阶电价和建立数据中心等措施，鼓励消费者在电价较低时用电。目前，丹麦在智能电网的研发和演示方面处于欧盟领先地位。

苏格兰坎伯诺尔德研究中心正在研究智能电网的优化问题，提升发电效率。该中心利用微电网对新技术进行测试，这是苏格兰智能大电网战略的一部分。

二、欧洲智能化技术发展

智能电网的发展促使家用电器技术必须做出相应的改进，未来家用电器必须具备与上位控制系统和互联网相连接的功能。用户能通过上位控制系统或互联网进行远程实时监控，了解和控制家中各种电器的运行状态，并根据需要在网上为电器选择运行模式和程序。据德国政府估计，仅提高供电和用电效率这一项措施所节省的电力，就等于250万户家庭1年的耗电量。

1. 智能家电开发项目

智能家电开发项目（SMART-A）是欧洲智能能源（IEE）项目的子课题之一，2007 年 1 月至 2009 年 9 月实施，是研究家用电器适应智能电网应用的技术发展课题，通过家用电器的智能化管理实现全社会的低碳化。承担项目的机构有德国波恩大学、英国帝国理工学院、英国曼彻斯特大学以及家电制造企业和节能机构。

该项目的主要目标是深入分析技术问题、用户偏好、技术经济性以及实现与智能电网发展相适应的家用电器的 CO_2 减排潜力，促进家用电器制造商、当地能源系统制造商以及电力系统之间的协调发展，提出智能家用电器开发模式和实施战略建议，并确定统一的信息交换标准。

该项目实施完毕后，获得了诸多成果如下：第一，该项目明确了家用电器在较大规模的电网系统中进行智能化运行的设计要求；第二，评估了消费者对智能家用电器的喜好，提出了促进消费者接受这类产品的建议；第三，确定了在风力发电比例较高的未来电网中实现供需平衡的目标，对家用电器采用需求响应技术的经济效益进行了详细分析；第四，评估了智能家用电器与区域内可再生能源发电和热电联产发电进行互动的技术经济性；第五，对在欧洲各地不同应用条件下使用智能家用电器的技术经济性进行全面分析；第六，为有关各方提供了智能家用电器的发展模式和路线图，包括引入智能电器的战略建议和实施相应奖励政策的建议。

2. 需求响应技术的发展

适用于智能电网的家用电器首先要具备与智能电网协调运行所需的智能化水平，具备信息交换功能是这类家用电器的基本特征。意大利家电企业梅洛尼公司是最早开发利用公用通信网络、实现信息交换的家电企业。1995 年，梅洛尼公司的分支企业——意黛喜公司成功开发出具有信息交换功能的洗碗机，又在 1999 年展示了世界上第一台利用 GSM 无线网络连接互联网的洗衣机。梅洛尼公司在随后几年投入大量资金研究在线服务、智能家电产品联网，以实现家电产品的信息化。

2009 年 10 月，伊莱克斯公司、意黛喜公司、ENEL 以及意大利电信公司 4 家企业在罗马签订协议，共同研究和发展下一代家用电器技术，利用 ENEL 的远程管理网络以及意大利电信公司的固定和移动宽带网络，实现家电产品的远程管理和需求响应。该合作开发计划以“Energy@Home”命名，目的在于通过调节家电产品的运行状态，降低电网的高峰负荷。

该试验项目是智能电网技术发展的组成部分。利用电网与家电产品的双向信息交换，家电产品可以根据电网运行发出的要求以及价格变化信息，自行调节运行模式，从而有效避免电网过载及供用电负荷不平衡。用户可以利用计算机、移动电话以及家电产品自带的显示装置，了解住宅的电力消费状况以及产品运行状态，并利用互联网调整需求响应方案。

该试验项目实施1年，参与试验各方的分工为：ENEL公司负责提供远程抄表管理系统和运行管理，该系统能够利用电信网络与家电产品进行通信；意大利电信公司负责提供固定和移动宽带网络，这些网络将采用Alice家庭网络和Zig-Bee无线技术，使家电产品与电网的监控中心进行双向信息交换；伊莱克斯和意黛喜公司则利用智能家电产品以及相应的控制程序，实现产品之间以及产品与电网之间的信息交换，以便对家电产品实施优化运行管理。

类似的试验计划已于2008年在英国开始实施，以抽签方式免费为3000个家庭提供具有需求响应功能的冰箱。同时，英国软件开发企业RLtec公司正在开发将多户家庭的冰箱进行集中监控的需求响应技术。该技术的原理是对监控网络内的电网响应要求和冰箱实际状态进行差异化的模式运行和控制，从而使得电网需求侧的特性更好地满足电网所需的响应要求，使电网参数更为稳定。英国国家电网以及英国帝国理工学院参与了相关的试验工作。RLtec公司的需求响应软件名为"动态需求"，对冰箱压缩机运行状态以秒为单位进行连续监控和调节，精确满足电网所需的响应要求。试验结果表明，冰箱的使用性能以及压缩机等主要部件的可靠性，并未受到不良影响。

德国弗劳恩霍夫的研究人员开发出一种可置于电表内、用于合理调节电力消耗的软件，可将电力供应商（EVU）对几分钟和几小时后电力价格发展情况的预计信息与用户的需求和意愿相结合。运行时，如果电费上涨，并非简单地将空调或者洗衣机马上关掉，更明智的做法是把冷柜或者冰箱作为能量储存器使用。如果EVU提示2h后电费上涨，这些设备可以预先制冷，以保证之后很长时间无须用电。这一做法也适用于热水器和暖气。

三、欧洲分布式发电进展

欧盟各国的可再生能源发电比例已经从1997年的13.9%增加到2010年的22.1%。欧洲议会2009年通过了促进可再生能源利用的指令，规定到2020年欧盟地区的可再生能源供应量应达到全部能源供应量的20%。而欧盟15个成员国（EU15）（2004年前欧盟的15个成员国）的可再生能源工业的目标是2020年可再生能源发电量达到总发电量的33%。在一系列能源政策的引导下，欧洲确定了分布式发电的发展方向。与之相适应的研究重点集中在动力与能源转换设备、资源深度利用技术、智能控制和群控优化技术以及综合系统优化技术上。其中，与电网相关的研究主要针对分布式发电系统的电网接入研究，以及解决分布式发电与现有电网设施的兼容、整合和安全运行等问题。

1. 可再生能源的挑战

实现电力供应与需求的互动、协调，最大限度发挥现有电力系统的潜力，实现电力系统效率、可靠性以及电能质量的全面提高，并为用户带来经济效益是欧洲智能电网的基本目标。然而，大量分布式微型发电装置的并网是欧洲智能电网发展遇到的现实问题。2009 年年初，欧盟有关圆桌会议进一步明确要求依靠智能电网技术将大西洋的海上风电、欧洲南部和北非的太阳能电融入欧洲电网，实现可再生能源的跳跃式发展。

在英国，智能电网的探索方向是可再生能源发电和智能配电。英国能源公司计划建设的 8.6GW 潮汐发电工程，将成为世界上最大的潮汐发电站，并计划于 2020 年把利用风力发电获得的电力直接输入城市电网。

但是，可再生能源利用存在一个突出问题是目前得到广泛应用的太阳能和风能发电受气象条件影响严重，供应状况稳定性差，气象条件的任何变化都会立即导致发电量变化。在电力需求增加或供应下降时，电网频率有可能发生变化。当大型风电场的风速明显降低，或太阳能电站上空飘过一片云，电网频率可能会下降。若频率下降幅度达到 1Hz，应急发电装置必须立即增加供电量；若电网频率下降幅度达到 48.8Hz，欧洲电网运行管理中心必须切断部分线路的供电，这意味着一些地区会因此停电。

在英国电网中，典型的电能流向是从北向南，在低压用户端（电压为 400V）有一定数量的家庭使用燃气热电联产机组或太阳能光伏发电装置、风力发电装置。虽然原来的输电网仍然存在，但是新建的输电网更多是互动供电网络。互动住宅供电可以将住宅中剩余的电力逆向输入电网，这是英国电力法中已明确规定的运行方式。因此，电网公司面临着技术上的改进和创新（如需要双向保护等），这种互动供电给电网的稳定控制和调度造成很大困难，不但给电网技术、体系、市场、管理等方面造成影响，而且对传统的供电、发电、输电、配电也是一种挑战。

同时，在用电负荷侧对电网稳定运行的要求进行响应，是近年来智能家电技术发展的新课题。以冰箱为例，冰箱与电网运行管理中心之间可以进行双向信息交换，在电网供需平衡出现异常时，冰箱的控制装置会立即做出响应，根据电网频率的变化幅度以及冰箱内各区域的温度，在完全不耗电或低耗电模式下运行。一般情况下，只要冰箱内相应区域的温度不高于规定范围，压缩机将处于停机状态。不同家电产品的需求响应模式有所不同，目前欧洲家电企业正在积极开发这类产品。

2. 燃气热电联产装置的推广

在欧洲智能电网技术课题中，家用燃气热电联产装置并网技术的发展，将促进燃气热电联产装置的普及。

燃气热电联产装置的并网与太阳能光伏发电装置的并网有相似之处，两者均由电网末端向电网供电。燃气热电联产装置的优点在于，供电时间和功率更易控制。利用智能电网的信息交换功能，使用者可以规定家用热电联产装置向电网供电的时间和供电量。利用智能电网进行协调运行，能够实现双向的实时信息交换，更有利于提高电网的可靠性、电能质量和运行效率。

英国政府鼓励家庭安装微型发电装置，如家用燃气热电联产装置。在利用燃料获得电能的过程中，通常需要先将燃料的化学能转换为热能。按照热力学原理，热能不可能全部转换为电能，发电过程必然产生副产品——热量。热电联产是对发电过程中产生的两种形式的能量——电能和热能均加以有效利用。家用燃气热电联产装置的典型运行方式是，将燃气转换为动力或直接发电，同时回收利用热能。因此，相对于大型发电设备而言，家用燃气热电联产装置的能源利用效率可以提高 1 倍左右。不过，英国家用燃气热电联产装置的安装数量仍然很少，还没有对英国电网运行造成明显影响。

四、欧洲能源管理发展

适应智能电网的家用电器与智能电网的互动是复杂而迅速的过程。一般情况下，用户不具备运行管理的专业知识，只能依靠家用电器的智能化控制功能实现响应的准确和敏捷。通常要求在基本不影响用户使用舒适性、便利性和使用习惯的情况下，实现家用电器与智能电网的互动，互动过程是在用户没有察觉的情况下完成的。显然，这与目前市场上宣传较多的、具有多媒体特征的智能家用电器不同。恰恰相反，适应智能电网的家用电器几乎不需要操作界面，更不需要多媒体界面，只需通过集中管理系统或其他操作界面就可实现对家用电器运行参数的设定和管理。

优化家用电器的运行管理以实现节能是近年来家用电器节能技术发展的主要方向，包括太阳能热水器与燃气热水器的联合运行，热泵系统与太阳能热水器或燃气热水器的联合运行，以及如何更经济地利用夜间电网负荷低谷时段价格低廉的电力。多种功能相同或相似的家用器具的集成配置，大大增加了用户的操作量。同时，由于存在运行优化的问题，用户更加难以应对各种复杂的操作。解决措施是实现相关器具管理装置之间的信息交换，利用信息技术进行管理。因此，家电智能化要求集中管理，及时对各个末端的运行状态进行优化调节，最大限度提高住宅内各种耗能器具所构成系统的运行经济性，降低燃气、电力和热能消耗。智能化住宅管理系统（HEMS）是家用电器和家用燃器具等所有智能器具的集中管理装置，可以在一个操作界面实现对所有器具的集中管理。

在成功开发具备利用网络进行信息交换的家用电器后，意黛喜公司与意大利帕尔马大学合作，开发用于家用电器联网的低成本电力线通信（PLC）系统方案。该系统基于智能适配器——一种把家电连接至网络的设备，具备了 HEMS 的主要特征。智能适配器内置通信节点（基于任何协议）和电表，位于家电和电源插座之间。通信节点确保住宅区域网（HAN）连接，电表则分析输入的电流，并产生与家电本身相关的有用信息（功能、统计、诊断和能耗）。与 HAN 的连接通过电力线调制解调器实现，可以是任何标准协议，包括 IEE802.15.4(Zig-Bee) 等 ISM 频段 RF 无线通信标准。相应的家用电器使用一种被称为“电源调制”的点对点技术与智能适配器通信。这种技术基于对内部负载的调制，电表会检测并解调该调制。智能适配器消除了白色家电的通信节点成本，但是这种产品的成本对于家电市场而言仍偏高，较难推广。

随着技术发展，HEMS 的技术经济性趋于合理，并作为家用电器的新品种进入欧洲家庭。HEMS 的主要功能是作为家用电器的上位管理装置，代替以往的操作人员监控家用电器。各种家用电器利用住宅内的信息网络通过 HEMS 进行信息交换。信息交换的范围不限于住宅内，也可以利用家庭网关与互联网相连，从而实现与外部的信息交换。

实现住宅能源装置的网络化管理，理论上可以利用通用的 PC 安装相应的软件和数据交换接口实现。不过，作为一种专用的计算机系统，HEMS 用于家用电器的运行管理更易于被消费者掌握。HEMS 功能明确、性能可靠，对于消费者而言，只要通过智能电表接收电网管理中心的运行指令，就可以确定智能家电是否响应这些电力信息以及如何响应。同时，用户可以做到心中有数，清楚知道各种家电（连接在电力线网络上）的耗电量，而建立 HAN 通信意味着用户不再需要浪费时间陪着上门服务的技术人员检查故障元件或者软件。对于电力企业而言，不但能够远程控制并监视各住宅的实时用电情况，还能在电能损耗探测和出现偷电行为等特殊环境下，直接向用户发出电力报警信息。

英国移动通信公司正在开发推广智能分布式能量控制系统，利用智能移动电话远程操控家用燃气热电联产机组或其他家用电器。用户可以在回家前启动家用燃气热电联产机组，并根据市场价格决定是否发电。目前，利用智能移动电话作为 HEMS 的远程操作界面，几乎已经成为全球 HEMS 系统的标准配置。德国美诺公司已在鲁尔地区为数以百计的家庭提供可以远程监控、并根据不同时段电价设定开启时间的智能洗衣机。此外，美诺公司还开发了一种调节器，安装这种调节器后，老式家用电器也能达到一定程度的智能化。

第三节　亚洲其他各国智能电网发展现状

一、日本智能电网现状

日本构建智能电网以新能源为主。日本将根据自身国情，主要围绕大规模开发太阳能等新能源，确保电网系统稳定构建智能电网。日本政府计划在与电力公司协商后，开始在孤岛进行大规模的构建智能电网试验。

2013年2月，日本电气公司与意大利Acea公司签订协议，开发锂离子储能系统，用以安装在Acea公司的一次变电站和二次变电站中。日本电气公司将交付两套储能系统，并为储能充放电状态及温度提供实时监控系统。2013年8月，东芝和东京电力公司共同出资成立新公司，开展从智能电表、蓄电池等设备到系统运用、维护保养的技术研究，联手推进海外智能电网业务。东芝收购全球最大的智能电表生产商瑞士兰吉尔，在美国新墨西哥州应用智能电表开展夏季动态响应验证实验项目，使用的系统主要以东芝的电网控制监视系统为核心，由东芝集团智能电表综合管理系统、仪表数据管理系统以及东芝解决方案株式会社的顾客信息管理系统组成。

二、韩国智能电网现状

韩国智能电网协会正在发起一项国家计划，以鼓励和支持符合国际标准的智能电网专利发展。该协会支持申请国际专利的公司、大学和研究机构，并主持开发未来可转化为专利的技术和标准。2013年1月，美国ZBB能源与韩国Hcmam石化开展合作，以改善50—500kW·h模块的V3型锌溴电池的制造过程。同时，ZBB存储系统原型将运至韩国研发实验室，V3型电池将应用在韩国智能电网示范项目中。

三、新加坡智能电网现状

2009年11月，新加坡能源市场局（EMA）启动了一项智能电网试点项目——智能能源系统（Intelligent Energy System，IES），开发和试验智能电网新技术和新产品。IES系统目的在于验证和评估智能电网相关的新应用和新技术，将现代化的信息通信技术集成到电网中，以实现消费端和电网运营商的双向通信。IES将一批最先进的信息通信技术集成到电力设施中。该示范性项目将在家庭用户、商业用户和工业用户中安装4500多只智能电表，以验证和评估其工作能力。

IES将开发和测试智能电网的不同组成部分，包括电网侧应用和用户侧应用。电网侧应用包括智能电表和通信设施的建立，使得EMA评价智能电表与纤维光缆、Wi-Fi或者射频的通信网络连接方式。不同应用可以帮助供电商和消费者获得更多用电使用信息。

另外，EMA也致力于断电管理系统，即对断电监测和管理。新加坡电力公司可以对断电故障做出更快速和更有效的响应。另外，试点项目力图使不断增长的小型和多来源的电力通过“即插即用”方式入网。在新加坡，当地电力来源包括光伏系统和小型联产电厂。

电网侧应用是新加坡智能电网的一个方面，用户侧的用电管理也是非常关键的。IES项目向用户提供了多种潜在利益。通过智能电表的应用，小型消费者可以选择电力供应商和最符合其需要的服务类型。智能电表的概念验证试验和计时电价是一种激励性措施。在马林百列和西岸的 400 多家用户参与试验，通过用户页面显示器实时监测家庭用电情况。结合计时电价，电力消耗总量减少 2.4%，用电峰值期的耗电量减少 3.9%。这个试验鼓励消费者优化用电模式和节省电费并根据随时间变化的关税调整用电。

IES 项目分为两个阶段实施：

第一阶段（2010—2012 年）将聚焦于 IES 建设的执行，其中关键的部分是高级计量基础建设（Advanced Metering Infrastructure，AMI，或称智能电表）和通信系统。其中一项工作重点是建立智能电表的通信协定与标准。透过智能电表技术让资讯的传输可以双向进行，并实现需求响应和电力故障管理。分布式能源的整合与电动汽车电网技术的测试也是现阶段要进行的。EMA 已经将 IBM、Accenture、Logica 和西门子四大企业列入项目执行合作企业考虑范围，2011 年底前决定执行第一阶段的具体企业名录。

第二阶段（2012—2013 年）着重于智能电网的应用，涉及家用、商业以及工业等各类型用电消费者，范围包括：南洋理工大学、Clean Tech 园区以及 Pug-gol Eco-Precinct 住宅区。装有智能电表的用户将可享用由电力公司所提供不同时段的电价以及最好的用电管理服务。

通信部分也是工作重点之一，新加坡政府委托信息开发署（Information Development Agency，IDA）和科学技术研究署着手进行。信息开发署主要负责新加坡高速光缆的部分，而这时 IES 通信基础设施的重要一环。IES 平台则补充科技研究署在智能电网方面的研究工作。

新加坡的住房发展局同时参与到智能电表计划的进行中，智能电网安装在未开发偏远地区的家庭用户和新加坡电力公司，配合分布式发电以及可再生能源使用。新加坡政府认为智能电网技术可以提高国内消费者和企业用户的用电效率。智能电表设置减少消费者在尖峰期的用电量，不仅为消费者节省了电费，也减缓了发电厂在尖峰期间的发电压力。

第四节　我国智能电网发展历程

我国开展智能电网的体系性研究虽然稍晚，但在智能电网相关技术领域开展了大量的研究和实践。在输电领域，多项研究应用达到国际先进水平；在配用电领域，智能化应用研究也正在积极探索。我国的智能电网与西方国家有所不同，是建立在特高压建设基础上的坚强的智能电网，中国式智能电网将以特高压电网为主干网架，利用先进的通信信息和控制技术，构建以信息化、数字化、自动化、互动化为特征的自主创新、国际领先的智能电网。其特征将包括在技术上实现信息化、数字化、自动化和互动化，同时在管理上实现集团化、集约化、精益化、标准化。

2007年10月，华东电网正式启动了以提升大电网安全稳定运行能力为目的的智能互动电网可行性研究项目。2008年4月，在前期智能电网研究成果的基础上，华东电网启动高级调度中心项目群建设，该项目是智能电网建设蓝图“三步走”的第一阶段“巩固提升”的重点内容。

2009年2月2日，中国能源问题专家武建东在《全面推动互动电网革命，拉动中国经济创新转型》的文章中，明确提出中国电网必须实施“互动电网”革命性改造。

2009年5月21日，在北京召开的“2009特高压输电技术国际会议”上，国家电网公司正式宣布将建设“坚强的智能电网”，并公布了规划试点、全面建设、引领提升三阶段的建设方案。规划提出，将分三个阶段推进“坚强智能电网”的建设：2009—2010年为规划试点阶段，重点开展规划、制定技术和管理标准、开展关键技术研发和设备研制，及各环节试点工作；2011—2015年为全面建设阶段，加快特高压电网和城乡配电网建设；2016—2020年建成统一的“坚强智能电网”。

2009年8月，国家电网启动第一批城市配电自动化试点工程，第一批试点工程在北京、杭州、银川、厦门4个城市的中心区域（或园区）进行。试点工程主要目标是针对不同可靠性需求，采用合理的配电自动化技术配置方案，建设具备系统自愈、用户互动、高效运行、定制电力和分布式发电灵活接入等特征的智能配电网。第二批试点工程在第一批试点城市配电自动化一期建设的基础上，进行二期建设，重点是拓展分布式电源接入技术支持，完善配电网高级应用及调控一体化技术支持平台建设，实现配电网调度运行控制的一体化管理。

目前，我国智能电网发展正处于第二阶段，此前完成的部分多为输电系统的建设，而现在的重点在配电系统上。近年来，随着智能电网发展的推进，电网智能化投资的比重逐步提升。

（1）第一阶段（2009—2010年）：为规划试点阶段，电网总投资为5510亿元，智能化投资为341亿元，年均智能化投资为170亿元，占电网总投资的6.2%；

（2）第二阶段（2011—2015年）：为全面建设阶段，加快特高压电网和城乡配电网建设，初步形成智能电网运行控制和互动服务体系，关键技术和装备实现重大突破和广泛应用；电网总投资预计为15000亿元，智能化投资为1750亿元，年均电网投资350亿元，占总投资的11.7%；

（3）第三阶段（2016—2020年）：为引领提升阶段，全面建成统一的“坚强智能电网”，技术和装备全面达到国际先进水平。电网总投资预计为14000亿元，智能化投资为1750亿元，年均智能化投资350亿元，占总投资的12.5%。

可以看出，智能化投资在“十二五”期间的年均投资额是第一阶段的一倍，占电网投资比例也由6.2%提升到11.7%。随着第二阶段电网智能化投资的迅猛增长，第三阶段投资增速将有所放缓。

现阶段我国还处于智能电网示范项目建设、关键技术研究、设备研发和标准制定阶段。国家电网在2010年6月发布《智能电网技术标准体系规划》，覆盖8个专业分支、26个技术领域、92个标准系列，2011年10月又对该规划进行了修订。截至2012年年底，已发布智能电网企业标准220项，编制智能电网行业标准75项、国家标准26项、国际标准7项。在2011年公布的国家“十二五”规划纲要中明确提出：依托信息、控制和储能等先进技术，推进智能电网建设。2012年5月，科学技术部发布《智能电网重大科技产业化工程“十二五”专项规划》，规划把大规模间歇式新能源并网技术、支撑电动汽车发展的电网技术、大规模储能系统、智能配用电技术、大电网智能运行与控制、智能输变电技术与装备、电网信息与通信技术、柔性输变电技术与装备、智能电网集成综合示范等9大技术列入“十二五”期间发展的重大任务。

2013年5月31日，中国电力企业联合会联合国家电网公司召开智能电网综合标准化试点工作启动会，正式拉开了智能电网综合标准化试点工作。本次综合标准化试点工作选择新能源并网、智能变电站、智能调度、电动汽车充换电等四个专业领域，依托国家、行业和企业各方面力量，通过将技术成果尤其是自主创新成果转化为标准成果，形成国家标准、行业标准、企业标准相配套的智能电网专业领域技术标准体系。

我国的智能电网是建立在特高压建设基础上的坚强的智能电网。2010年，我国完成9个第一批电网智能调度试点项目建设：国调、华北、华东、华中网调，江苏、四川省调进行省级以上智能电网调度技术支持系统相关内容试点建设；北京海淀、河北衡水、辽宁沈阳试点建设地调级智能电网调度技术支持系统。

2011年，国家智能电网示范试点工程取得重要突破，建成电动汽车充换电站156座、交流充电桩6252台，安装应用智能电能表5162万只。2011年，实施287项智能电网试点项目，完成上海世博园和天津中新生态城两个智能电网综合示范工程的建设，国家风光储输联合示范工程建成投运。

2012年，国家电网公司全面推广16类成熟试点项目，稳步推进智能电网全面建设工作。其中包括：建设完成17个智能电网综合示范工程；建设163座充换电站和910台交流充电桩；建设智能变电站1329座，改造132座；建设26万户电力光纤到户；在26个省级公司推广配电智能化系统建设；建设8个省级智能电网调度技术支持系统，推广应用3700万只智能电能表。

2012年12月，扬州经济技术开发区智能电网综合示范工程11个子项目全面完成，是继上海世博园、天津中新生态城之后建成的第三个智能电网示范工程。该工程既包括配网自动化、用户信息采集、电动汽车充电设施、光伏并网及微网运行控制、可视化应用展示等成果。

2013年5月，浙江省首个智能电网综合示范工程在绍兴市镜湖新区建成，该工程集合了国内智能电网“发、输、变、配、用、调”各个领域的最新成果，其全景监控和智能化营配信息平台实现了高低压设备的信息全采集和监控。

在智能电网领域，河北保定高新区在2013年5月已集聚超过100家优质企业，汇聚天威集团、四方集团等龙头企业，形成完整产业链条，产品覆盖智能电网各个领域，已初步形成产业规模大、产业集聚程度高、产业链条完备的智能电网产业集群。

2013年6月，中达电通公司首创DVCS（分布式图像控制系统）在2013中国国际智能电网建设技术与设备展览会的隆重展出，给整个智能电网显控技术带来了全新的体验。6月，天津中新生态城起步区已经建成智能电网的12个子项目。将逐步实现电力光纤的全覆盖，为居民智能用电提供技术条件，支撑智慧城市发展。

2013年7月，“江苏省智能电网配用电关键技术研究重点实验室”建设方案顺利通过专家论证，实验室将研发出智能电网配用电侧所需的电器综合智能化、高效光伏发电、高速双向互动通信等一系列关键技术。

2013年8月，甘肃省电力公司兰州新区智能电网综合建设工程建设方案通过国家电网公司专家组的评审，该工程是甘肃省首个大型综合型智能电网项目，将积极响应兰州智慧城市的建设。

2013年10月，“863”计划电网关键技术研发（一期）重大项目第19课题“提升电网安全稳定和运行效率的柔性控制技术”仿真试验方案获得通过。该课题研究成果将应用于华中电网及锡盟送出示范工程，在华中电网建设跨区交直流电网协调控制与辅助决策系统，首次实现大范围安全稳定控制协调示范应用，同时在中国电科院“电网安全与节能国家重点实验室”建成示范工程仿真试验平台，提升安控装置和交直流电网协调控制的模拟能力，依托华中电网示范工程、锡盟送出工程，在实验室环境下验证跨区交直流协调控制、大规模火电机群外送系统阻尼控制的效果和作用，支撑示范工程建设。

2013年11月，南方电网公司与中国移动公司续签战略合作框架协议，欲借助4G技术构建智能电网。中国移动将为南方电网提供内部办公、调度、管理等方面信息化解决方案和移动办公等信息化应用和服务，并协助建设和完善远程抄表系统终端的通信性能管理和快速响应等服务。双方将整合网络资源优势，在TD-LTE通信技术、传输网络、语音服务与市场营销自动化和信息化技术水平等方面开展合作。

2013年11月，国电南瑞配电/农电分公司完成的国家“863”课题子课题——“智能配电网优化调度关键设备研制及应用”通过中国电机工程学会科技成果鉴定。该课题以包含分布式电源/多样性负荷等新型元素的配电网为研究对象，探索智能配电网的优化调度模式，突破智能配电网优化调度关键技术，研制支撑智能配电网优化调度的关键设备，开发智能配电网的优化调度系统，开展示范应用，实现智能配电网高效运行。

2013年12月，由上海电力设计院有限公司设计的叶塘110kV新一代智能变电站建成投运。叶塘变电站是国家电网公司在全国首批实施的 6 座新一代智能变电站的示范工程之一。与常规智能变电站相比，叶塘新一代智能变电站的主要特征为“集成化智能设备与一体化业务系统”，采用一体化设备、一体化网络、一体化系统技术构架，实现专业设计向整体集成设计的转变，一次设备智能化向智能一次设备的转变。

此外，上海市发布了《上海推进智能电网产业发展行动方案（2010—2012 年）》，江苏省正式出台《江苏省智能电网产业发展专项规划纲要（2009—2012 年）》，开了地方率先发展智能电网产业的先河，而北京、上海、广州、深圳、杭州、南京等 193 个城市先后列入国家智慧城市试点，上海、深圳、广州、合肥等 25 个城市开展了节能与新能源汽车示范推广试点工作，推动了智能电网在我国的应用。

目前，我国与欧美国家在智能电网建设方面处于同一起跑线上，国内众多行业中的领先企业和科研机构都很关注智能电网的发展。国家电网制定的《坚强智能电网技术标准体系规划》，明确了坚强智能电网发展技术标准路线图，是世界上首个用于引导智能电网技术发展的纲领性标准。国家电网公司“十二五”智能电网建设的发展目标指出：到 2015 年，坚强智能电网基本建成，智能电网效益初步显现，国家电网智能化程度达到国际先进水平。

第五节 我国智能电网发展重点

智能电网是将现代先进的传感测量技术、通信技术、信息技术和控制技术等深度应用于电网，形成先进技术与物理电网高度集成的现代化电网，实现电力行业的大变革。

我国智能电网发展将以坚强网架为基础，以通信信息平台为支撑，以智能调控为手段，包含电力系统的发电、输电、变电、配电、用电和调度六大环节，覆盖所有电压等级，实现“电力流、信息流、业务流”的高度一体化。

“十二五”期间，重点加强智能电网技术创新和试点应用，在系统总结和评价智能电网试点工程的基础上，加快修订完善相关标准。“十三五”期间，智能电网技术和设备性能进一步提升，力争主要技术指标位居世界前列，智能化水平国际领先。智能电网发展重点包括以下几个方面。

发电智能化。研究先进的发电厂控制、监测、状态诊断和优化运行控制技术，强化厂网协调和机网协调，提高电力系统安全经济运行水平，开展“数字化电厂”技术研究与示范，加快专家管理系统应用，全面提升发电厂的运行管理水平。加快清洁能源发电及其并网运行控制技术研究，开展风光储输联合示范工程，为清洁能源大规模并网运行提供技术保障；推动大容量储能技术研究，适应间歇性电源快速发展需要。

输电智能化。在各级电网协调发展的坚强电网基础上，逐步实现输电环节勘测数字化、设计模块化、运行状态化、信息标准化和应用网络化，全面实施输电线路状态检修和全寿命周期管理，建设输电设备状态监测系统，广泛采用柔性交流输电技术。

变电智能化。变电环节逐步实现全站信息数字化、通信平台网络化、信息共享标准化、高级应用互动化，电网运行数据全面采集和实时共享，支撑电网实时控制、智能调节和各类高级应用，贯彻全寿命周期管理理念，加快对枢纽及中心变电站进行智能化改造。

配电智能化。采用先进的计算机技术、电力电子技术、数字系统控制技术、灵活高效的通信技术和传感器技术，实现配电网电力流、信息流、业务流的双向运作与高度整合，构建具备集成、互动、自愈、兼容、优化等特征的智能配电系统，提高配电网灵活重构、潮流优化和接纳可再生能源的能力。加快微网技术示范推广，满足分布式发电接入要求，提高配电网可靠性。

用电智能化。构建智能用电服务体系，实现营销管理的现代化运行和营销业务的智能化应用；开展基于分时电价等的双向互动用电服务，实现电网与用户的双向互动，提升用户服务质量，满足用户多元化需求。推动智能家电、智能用电小区和电动汽车等领域的技术创新和应用，改善终端用户用能模式，提升用电效率，提高电能在终端能源消费中的比重。到 2015 年，全国建成电动汽车充换电站 1000 座以上，充电桩 50 万个以上。

调度智能化。适应智能电力系统运行安全可靠、灵活协调、优质高效、经济环保的要求，构建涵盖电网年月方式分析、日前计划校核、实时调度运行等三大环节的调度安全防线，实现数据传输网络化、运行监视全景化、安全评估动态化、调度决策精细化、运行控制自动化、网厂协调最优化，研发建设具有国际领先水平、自主创新的一体化智能调度技术支持系统，形成一体化的智能调度体系。

信息通信支撑平台。建设以光纤化、网络化、智能化为特征，安全可靠、结构合理、覆盖面全的大容量、高速通信网络；优化网络结构、加大资源整合力度，建设和完善骨干光传输网络；加快配电和用电环节通信网建设，实现电力光纤到户，建立用户与智能电网之间实时、互动、开放、灵活的通信网络，满足智能电力系统对通信信息平台的要求。“十二五”期间，力争城区新增居民用户 100% 光纤到户，覆盖用户超过 2800 万户。

第六节　我国智能电网发展趋势

随着全球资源环境压力的不断增大，社会对环境保护、节能减排和可持续性发展的要求日益提高。电力市场化进程的不断推进以及用户对电能可靠性和质量要求的不断提升，要求未来的电网必须能够提供更加安全、可靠、清洁、优质的电力供应。这就为智能电网的未来发展带来了方向。尽管智能电网的研究与实践尚处于起步阶段，但是建设智能电网已经成为世界电力行业的一种美好愿景，必将进一步推动电力工业的变革与进步。

随着智能电网第一批试点的结束，国家电网的第二批试点已经启动。2010 年将进入智能电网建设的实质性阶段。我国电力建设经历了十年大规模的电源投资建设，目前已经进入电网主干架的投资建设高峰，从规划来看，未来十年电网投入的重点将逐步从单纯的网架建设过渡到强调技术开发投入的智能电网建设中来，二次设备的投入高峰将随着国内电力投资的侧重改变而到来。

智能电网使电力设备的市场格局发生改变。

（1）产生层次性需求。智能电网建设将首先带来用户侧智能电表、输电侧数字化变电站的巨大需求；然后是配网、调度自动化，以及柔性输电技术。二次设备受益程度显著比一次设备强。

（2）行业龙头优先受益。

（3）竞争激烈。智能电网市场的启动势必带来行业激烈竞争，价格竞争成为主要手段。但拥有先入优势的企业，将获得更大市场机会。

我国地域广阔、资源与需求的分布不平衡，尤其是大规模可再生能源主要集中在西部地区，需要智能电网具有大容量的外送通道。而在东部负荷密集区域，可再生能源的开发往往规模较小，且接近饱和，需要智能电网能够兼容分布式利用，同时又不同于已处于电力需求饱和期的欧美等发达国家。我国经济发展迅速，电力需求每年保持高速增长，需要智能电网能够满足这种增长并确保电力安全、可靠供应以及不断提高的用户要求。

从我国电力发展的现状来看，我国目前正在大力建设特高压电网，能够有力地构筑未来坚强智能电网的输电网架。华北、华东等区域电网已经开展了数字化变电站、调度集成等多项工作，使我国已经具备了较好的智能电网运行控制基础。但是在配电网方面，我国地域辽阔，发展不均，大部分地区供电仍较薄弱，离智能配电和智能用电有较大差距。同时由于超导、储能等技术仍在向成熟发展，分布式能源尚未进入大规模利用，智能电网在这些方面仍缺乏一定外部条件。智能电网的建设是一个长期的战略，整个智能电网的投资是巨大的。由于系统降低了能耗和阻塞，提高了能量效率，获得了较高的电能质量和供电可靠性、较低的系统运行和维护费用，减少了对发电和输配电的资产投入等，根据美国预计所带来的收益将超过 400%。

智能电网能够实现电网运行的可靠、安全、经济、高效、环境友好和使用安全，全方位地支持和促进全国范围的资源优化配置以及新型能源发展方式和新型电能利用方式的进步，由此还能带动其他 IT 产业和服务业的大发展。它将是一个必然的发展趋势，同时智能电网是一个庞大的系统工程，它不仅需要电力行业中装备制造、建设、发电、运营、科研等几乎所有专业单位的参与，也需要多行业、多学科、多领域的交叉，更需要政府主导和政策支持。这说明智能电网的发展和建设将会是前沿技术不断应用，电网运行方式不断变革的长期过程。

数字变电站技术作为智能电网的一种的关键技术，发展将是一个较长期的过程，技术的成熟度需要结合工程应用逐步达到完善。数字变电站技术在兼容综合自动化变电站技术的基础上，实现应用上的平稳发展和重点技术突破，数字变电站建设将为数字电网发展奠定基础。

目前，分布式能源在我国仅占较小比例，但可以预计在未来的若干年内，分布式电源不仅可以作为集中式发电的一种重要补充，还将在能源综合利用上占有十分重要的地位。因此，无论是解决城市的供电，还是解决边远和农村地区的用电问题，都具有巨大的潜在市场，一旦解决了主要的障碍和瓶颈，分布式能源系统将获得迅速发展。

我国正在建设资源节约型、环境友好型和谐社会，智能电网建设是其中重要的组成部分。国家电网公司站在履行社会责任的高度，对智能电网建设高度重视，出台了一系列措施和办法，对建设统一、坚强智能电网工作进行了部署，非常必要和及时，十分具有前瞻性和指导性，为建设智能电网指明了方向。我们要在国家电网公司的领导下，统一规划、统筹协调、分步实施。在具体实施中应把握以下原则。

（1）统一、坚强的电网是智能电网的基础。没有一个统一调度管理的电网，没有一个优化我国电力资源配置的以特高压为骨干网架、各级电压协调发展的坚强电网，智能电网就将是无源之水。利用特高压骨干网架解决我国电力资源分布不均的问题，即将西部水电等清洁能源输送到东部负荷中心，将北部火电送往中东部。与此同时建设好坚强的受端网络，使特高压电力落得下、用得上，并辅以智能化使其更加高效、节能、安全。

（2）智能化是核心。智能电网就是要解决当前在电网调度方面，由于规划不合理，导致出现电网不稳定以及停电故障时不能自动切换到不停电状态等问题。另外如果细分目前的电网，对分散的发电设备的接入，一是不能适应，怕主供电电源出现故障时反送电；二是不能充分利用这些发电机来供电，而不是小电源全部切除然后再逐个并网。同时智能用户终端还可以提供家电管理、通信、网络等增值服务。这些智能化的功能还需要进一步的开发应用，产生更大的经济和社会效益。

（3）环保、节能、安全是目标。智能电网就是要使电网对清洁能源的利用最大化，对有排放污染物及温室气体的机组按单位电量排放物的多少来确定发电顺序。电网自身潮流分布更加合理，采用低损耗设备，使电力输送过程的能耗最低。智能电网利用网络重构等技术使电网达到出现故障时输配电设备及用户都不停电，使电网更加安全可靠运行。总之，建设统一、坚强智能电网是今后一个相当长时期的主要任务，我们要在国家能源方针政策的指导下，在国家电网公司的统一领导下，加强对智能电网的统一规划、试点先行，不能一哄而上造成重复建设和浪费，分步实施，一步一个脚印，因地制宜地实现有中国特色的智能电网，为建设和谐社会贡献力量。

第三章　智能电网与“互联网 +”

伴随知识社会的来临，驱动当今社会变革的不仅仅是无所不在的网络，还有无所不在的计算、数据、知识。当前电力行业迫切需要推动互联网电力、移动互联网、云计算、大数据、物联网等与现代制造业融合，促进电商、产业互联网和互联网电力形成合力市场。

“互联网 +”、分布式能源、微型电网的深度耦合发展是未来趋势，促进电力工业和信息化深度融合，开发利用网络化、数字化、智能化等技术，实现电力电网的创新驱动、智能转型、绿色发展。当众多的微型电网与主干网连接在一起，进而形成互联网电力，就能把以互联网为载体、线上线下互动的互联网电力消费搞得红红火火。

电力互联网，能够帮助企业主清晰了解能源即时价格的变动。对于电力质量有着特殊要求的电力用户，能源互联网服务商能够提供全套的能源管理解决方案。

第一节　电力互联网的发展

由于无线电力、移动电网解除了对于导线的依赖，从而能够得到更加方便和广阔的应用。将为整个人类科技和商业、产业都带来巨大变革，让人们的工作和生活真正能够“无线”自由。

2014 年末，无线电力被美国《时代》周刊评为 2014 年 25 项年度最佳发明。由麻省理工学院（MIT）的物理教授 MarinSoljacic 带领的研究团队成功利用电磁共振器，在 2m 外供应一个 60W 的灯泡所需要的电力，并为这种技术取名为无线电力（WiTri city）。与此同时，以色列 Powermat 公司也开发出一种无线电源，这种无线电源可通过电磁波实现电力传输，从而省去了连接电源线和电源插座的麻烦。另外，在日本手机厂商间，另一项“使电源线消失”的技术也在稳步发展。

一、无线电力发展历程

无线电力传输研究始于 19 世纪末。1890 年，尼古拉•特斯拉（Nikola Tesla）做了无线输电试验，他构想的无线输电方法，是把地球作为内导体、地球电离层作为外导体，通过放大发射机以径向电磁波振荡模式，在地球与电离层之间建立大约 8Hz 的低频共振，再利用环绕地球的表面电磁波来传输能量。但因财力不足，特斯拉的无线输电构想并没有得到实现。1964 年，William C.Brown 研发出将微波转换成电流的硅整流二极管天线。1967 年，美国空军同雷神公司合作进行了世界上首次电力微波传输试验，成功地通过微波向模拟直升机提供电力。1968 年，美国工程师彼得•格拉泽（Peter Glaser）提出空间太阳能发电（Space Solar Power，SSP）概念，其构想是在地球外层空间建立太阳能发电基地，通过微波将电能传输回地球，并通过整流天线把微波转换成电能。1979 年，美国航空航天局（NASA）和美国能源部联合提出太阳能计划一建立“SPS 太阳能卫星基准系统”。

1994 年，科学家利用微波成功地将 5kW 的电力送达 42m 处。1995 年，美国航空航天局（NASA）建立了一个集研究、技术与投资于一体的 250MW 太阳能动力系统（SPS）。2001 年 5 月，法国国家科学研究中心的皮格努莱特（G.Pignolet）利用微波进行长距离无线输电试验。一部发电机发出的电能首先通过磁控管被转变为电磁微波，再由微波发射器将微波束送出，40m 外的接收器将微波束接收后由变流机转换为电流，然后将 200W 的电灯泡点亮。2003 年，欧盟在非洲的留尼汪岛建造了一个 10 万 kW 的实验型微波输电装置，实现了以 2.45GHz 频率向接近 lkm 的格朗巴桑村（Grand-Bassm）进行点对点无线供电。

2007 年 3 月，美国宾夕法尼亚州 Powercast 公司开发无线充电技术，可为各种耗电量相对较低的电子产品充电或供电，诸如手机、MP3、随身听、温度传感器、助听器、汽车零部件，甚至体内植入式医疗装置等。2007 年 6 月，麻省理工学院助理教授马林·索尔贾希克（MarinSoljacic）带领的研究团队利用无线输电技术试制出的无线供电装置，成功点亮相隔 7 英尺（约 2.1m）远的 60W 电灯泡。2007 年，微软亚洲研究院设计和实现了一种通用型无线供电桌面，随意将笔记本电脑、手机等移动设备放置在桌面上，即可自动开始充电或供电。

2008 年 9 月，英特尔在美国内华达州的雷电实验室成功地将 800W 电力用无线的方式传输到 5m 外。2008 年 11 月，英特尔利用无线能源共振链接（WREL）技术，通过无线方法将电力传输到工作台上的 60W 台灯并点亮。2008 年 12 月，无线充电联盟（Wireless Power Consortium）成立，无线充电联盟是业界第一个推动无线充电技术标准化的组织，涵盖电池、消费电子、芯片、设备制造、基础设施及无线充电技术等领域。2008 年年底，美国微软亚洲研究院研发出无线充电板装置 uPad 样机。2009 年 1 月，摩托罗拉公司在 CES2009 大会上展示了 Fulton 公司为其智能手机推出的无线充电器。2010 年 4 月，麻省理工学院研究人员实验发现，当为更多的设备供电时，无线电力传输系统的效率更高。实验使用较小的接收线圈，使这项技术更易于应用于家庭、办公室、便携式设备等，英特尔和索尼利用这项研究成果推出自己的无线电力计划。2010

年 8 月，国际无线充电联盟发布无线充电国际标准。磁场可以作为能量无线传输的载体，标准正是建立在这一理论之上的。2011 年 5 月，美国杜克大学（Duke）开发出一种新型超导材料，理论上这种材料可给笔记本电脑和手机等小设备无线充电，也可给电动汽车充电。

二、无线电力传输现状

无线电力传输对于新能源的开发和利用、解决未来能源短缺问题有着重要的意义，为了摆脱地球环境和能源危机，人们计划建立太空太阳能发电站作为获取新能源的途径，而无线电力传输技术发挥着非常关键的作用。因此，许多国家都热衷于无线电力传输的研究和开发，并获得了一定的技术突破和相应的实用产品。手机的非接触充电技术同样获得发展，许多大公司都看好这一产品的发展前景，苹果、摩托罗拉、LG、NTTDoCoMo 等消费电子公司都在发展自己的无线充电产品，苹果计划在 iPod 和 iPhone 产品中嵌入无线充电技术。美国宇航局尝试从地球通过激光束给飞行器供电，初步取得了一些成果，不过离实用非常遥远。美国计划 2025 年在太空建造 100 座太阳能电站，满足美国 30% 的电力需求。日本大力研究无线电力传输技术，计划在 2015 年前后将其投入居民生活中。日本于 20 世纪 80 年代展开太空太阳能相关研究，目标是在 2020 年建造试验型太空太阳能发电站 SPS2000，2030 年前向太空发射一颗对地静止卫星，为地球上 50 万户家庭提供 10 亿 W 电能，2050 年进入规模运行。对于太空电站产生的电能，法国计划在同步轨道上安置一面直径为 lkm 的镜子，将呈微波状态的电能反射传输到需要它的地方。

1. 美国的研究进展

美国 MIT、Powercast 等公司的数米距离电力传输技术受到了关注。美国 Powercast 公司利用电磁波损失小的天线技术，借助二极管、非接触 1C 卡和无线电子标签等，实现了效率较高的无线电力传输。Powercast 公司可将无线电波转化成直流电，并在约 lm 范围内为不同电子装置的电池充电。该技术已应用于美国匹兹堡一家动物园，动物园采用无线输送微弱电力方法，对企鹅笼舍中温湿度传感器充电电池进行远程充电。美国 Palm 公司将无线充电应用在手机上，推出充电设备“触摸石”，可以利用电磁感应原理为手机进行无线充电。美国 Power-mat 推出的充电板有桌面式和便携式等多种，主要由底座和无线接收器组成。戴尔公司在 LatitudeZ 系列笔记本电脑中采用了无线充电技术。Fulton 公司开发的 eCoupled 无线充电技术，充电器能够自动地通过超高频电波寻找待充电电器，动态调整发射功率。Visteon 公司计划为摩托罗拉手机和苹果的 iPod 生产 eCou-pled 无线充电器。美国 Power 公司开发的电波接收型电能储存装置是以美国匹兹堡大学研发的无源型 RFID 技术为基础的，通过射频发射装置传递电能。美国 WildCharge 公司开发的无线充电系统，充电板的外观像一个鼠标垫，能够放置在桌椅等任何平坦表面，可提供高达 90W 的功率，足以同时为多数笔记本电脑以及各种小型设备充电。

2. 日本的研究进展

日本株式会社村田制作所采用电场结合型无线电力传输技术，与 TMMS 公司共同开发的无线电力传输系统，具有高效性和较大的位置自由度，将笔记本电脑、手机、数码照相机等设备放在充电器上，无须特别调整充电位置就可进行充电。NTTDoCoMo 等移动通信运营商积极采用非接触充电技术，松下正在联手 NTTDoCoMo 开发无线充电器。1995 年，日本邮政省通信综合研究所和神户大学工学部开发的 5kW 微波电力无线输电系统，其 3m 的抛物面天线可准确为飞艇输电。2006 年，日本东京大学产学研国际中心开发的家用电器无线供电塑料膜片，厚度约 1mm、面积约 20cm^2、重约 50g，可贴在桌子、地板、墙壁上，为圣诞树上的 LED、装饰灯、鱼缸水中的灯泡或小型电机供电，当电器进入薄膜 2.5cm 范围内，电感线圈可向设备进行无线供电。2007 年，日本东北大学试制出可从外部向植入眼球的人工视网膜用大规模集成电路（Large Scale Integration，LSI）进行无线供电的系统。2009 年 7 月，日本昭和飞机工业公司在 ATInternational2009 展会上，展出了基于电磁感应原理无线传输电力的非接触式电源供应系统。2010 年 9 月，日本富士通公司利用磁铁实现了设备在距离充电器最远可达几米远的地方进行无线充电。2011 年 3 月，松下推出了内置太阳能板的桌子，桌子中间是一个大大的太阳能板，桌边白色框就是无线充电垫，可为移动设备提供电力。2011 年 8 月，日本宽带无线论坛的无线电力传输工作小组以实现无线供电技术的早期实用化为目的，制定了无线供电相关的指南，让用户能够安全利用无线供电。

3. 英国和以色列的研究进展

2005 年年初，英国剑桥 Splash Power 公司开发出的商业化无线充电器上市，安装了电能接收器的便携终端可放到上面充电。英国 HaloIPT 公司利用其研发的感应式电能传输技术实现了为电动汽车充电，并计划 2012 年为其研发的感应式电能传输技术建立一个商业规模示范基地。以色列 Powemiat 公司开发出可传输 100W 电力的新型无线电源，可为 4—5 个中型电器和一些小电器供电。无线电源有一个基座和一个将电磁波转换为电流的“标签”，将带有“标签”的电器放到垫子上或垫子附近，即可获得电力。

三、无线电力分类

无线电力传输（Wireless Power Transmission，WPT）也称无线能量传输或无线功率传输，它通过电磁感应和能量转换来实现。无线电力传输主要通过电磁感应、电磁共振、射频、微波、激光等方式实现非接触式的电力传输。根据在空间实现无线电力传输供电距离的不同，可以把无线电力传输形式分为短程、中程和远程传输 3 大类。

短程传输可通过电磁感应来实现。电磁感应电力传输（Inductively Coupled Power Transmission，ICPT）主要以磁场为媒介，利用变压器耦合，通过初级和次级线圈感应产生电流，电磁场可以穿透一切非金属的物体，电能可以隔着很多非金属材料进行传输，从而将能量从传输端转移到接收端，实现无电气连接的电能传输。电磁感应传输功率大，能达几百千瓦。电磁感应原理的应用受制于过短的供电端和受电端距离，一般适用于小型便携式电子设备供电。短程传输距离上限是 10cm，而另外两种方式则可突破这一制约。中程传输是基于电磁耦合共振原理或以电磁波射频来实现的。电磁耦合共振电力传输主要是利用接收天线固有频率与发射场电磁频率相一致时引起电磁共振，发生强电磁耦合的工作原理，通过非辐射磁场实现电能的高效传输。电磁共振型与电磁感应型相比，采用的磁场要弱得多，传输功率可达几千瓦，可以实现更长距离的传输，传输距离可达 3—4m。射频电能传输（Radio Frequency Power Transmission，RFPT）主要通过功率放大器发射射频信号，然后通过检波、高频整流后得到直流电，供负载使用。射频电能传输距离较远，能达 10m，但传输功率很小，为几兆瓦至 100mW，两个具有相同频率的谐振物体能很有效地交换能量。中程传输可为手机、MP3、汽车配件、体温表、助听器及人体植入仪器等提供无线电力传输。远程传输可利用微波或激光形式来实现电能的远程传输。微波或激光发射到远端的接收天线，然后通过整流、调制等处理后使用。除铺设输电线路困难的地区之外，远程传输对于太空科技领域如人造卫星、航天器之间的能量传输以及新能源开发利用如太空太阳能发电站“隔空”给地球无线供电等都有着重要的战略意义。微波电能传输（Microwave Power Transmission，MPT）是将电能转化为微波，让微波经自由空间传送到目标位置，再经整流，转化成直流电能，提供给负载。微波已广泛应用于微波炉、气象雷达、导航和移动通信等领域。微波电能传输适合应用于大范围、长距离且不易受环境影响的电能传输，如空间太阳能电站、低轨道和同步轨道卫星供电等。

激光电能传输（Laser Power Transmission，LPT）是利用激光可以携带大量的能量，用较小的发射功率实现较远距离的输电。激光方向性强、能量集中，不存在干扰通信卫星的风险，但障碍物会影响激光与接收装置之间的能量交换，射束能量在传输途中会部分丧失。

四、广泛应用领域

无线电力传输技术在医疗器械、便携通信、航空航天、交通运输、水下探测等领域有着广泛的应用前景，涉及军事、工业、医疗、运输、电力、航空航天、空间站、卫星、军舰、航母、节能环保、便携式通信设备等行业。随着材料学、电力电子器件、功率变换和控制技术的发展和WPT技术的逐步成熟以及特殊场合下无线电力传输需求的增长，WPT应用逐步成为现实。无线电力传输应用产品包括低功率低能耗电子通信产品、家具产品、办公产品、治疗仪器、交通工具，如：手机、MP3、电动牙刷、电子遥控门锁、梦幻彩灯、掌上电脑、笔记本电脑、吸尘器、电话、净水器、冰箱、微波炉、体温表、助听器、心脏起搏器、心脏调节器、心脏除颤器、电动汽车、动车组、矿井电车等。目前WPT技术大多处在研究阶段，产品应用的主要是ICPT和RFPT技术。ICPT技术主要应用于电动汽车、机车的充电轨道、矿井和水下探测，RFPT主要应用于医疗器械和便携式电子产品。

在医疗器械领域，WPT技术发展改变了医疗植入式电子系统的供电方式，RFPT技术在医疗电子行业得到了长足发展，如心脏起搏器的核电池充电，耳蜗植入装置供电等，其充电方式一般采用ICPT和RFPT等进行体外能量传输。医疗植入式装置无线电能传输系统的基本工作原理是采用E类放大器作为RFPT系统的发射极，通过体外与体内两个线圈之间的电磁耦合输送电能，产生的耦合电磁波经穿透人体后，通过谐振回路将电磁波转化为电能，再经过整流、滤波、稳压等辅助电路而得到所需的工作电压。采用RFPT技术，主要有经皮能量传输和直接能量传输，可以减小人体受感染的风险，同时又解决了电池寿命有限的问题。

在便携通信领域，WPT近年日渐风靡，有不少高科技公司涉及这一领域。在充电座和手机中安装发射和接收电能的线圈，手机便可实现无接点充电。在充电插座和牙刷中各有一个线圈，当牙刷放在充电座上时就有磁耦合作用，利用电磁感应的原理来传送电力，感应电压整流后就可对牙刷内部的充电电池充电。笔记本电脑或手机放在装有能传输电能的“电磁桌”上能“吸取”电能而工作。

在航空航天领域，空间太阳能电站发出的电能可通过微波向卫星和地面传输电能，MPT技术发展推动了空间太阳能发电和卫星技术的革新，发射、反射和接收技术等得到了很大的发展，微波电能传输在航空航天和电力领域得到应用。

太空太阳能电站是利用卫星技术，在太空把太阳能转化成电能，然后以微波和激光等方式传回地球供人类使用的系统。

在交通运输领域采用的是ICPT技术，主要应用于轨道机车和电动汽车的充电装置。水下探测是WPT系统的一个重要应用领域，水下电能传输可用于深海潜水、深海油田与深海采矿，水下电能的获取还能增强非核动力船只的续航能力。

五、无线电力传输在中国的发展

我国无线电能传输技术相关研究和应用正在起步。2004年，双飞燕公司推出了“免电池”无线鼠标，鼠标垫通过连接电脑USB接口获得电能。2005年，比亚迪申请了应用电磁感应技术的非接触感应式充电器专利。另外，安利净水器采用了富尔顿无线充电技术，广东深圳高倚盛推出了 GYS-1 型无线充电器，江苏常熟合众环保能源技术研究所实现了对新能源汽车距离数十厘米的无线电能传输。中国香港城市大学研制出基于 ICPT 的手机、MP3 等便携式通信设备充电平台，可将数个电子产品放在一个充电平台上通过低频电磁场充电。全球无线充电联盟 2010 年 9 月将 Qi 无线充电国际标准引入了中国。

山东青岛在无线电力传输研究上处于全国领先水平，无线电力传输技术攻关和相关产业发展已列入青岛“十二五”期间重点目标任务。2010 年 CES 展会上，海尔应用无线电力传输技术推出了一款无尾电视。

2011 年 4 月，青岛市科技发展战略研究所、山东科技大学、青岛科技大学、海尔集团超前技术研究中心共同绘制完成了“无线电力传输产业技术路线图”。“无线电力传输产业技术路线图”从资源基础、研发需求、技术壁垒、行业需求、产业目标 5 个层次，描绘出青岛市发展无线电力传输产业的科学路径，并提出了相应的对策和建议。未来 5—10 年，无线电力传输这一战略性新兴产业将达到近千亿元的产业规模，并可培育成青岛市新的经济增长点。2020 年有望突破恶劣环境下的无线供电技术，实现电力无线远距离传输，产业规模预计将达到 500 亿—1000 亿元。

无线电力传输工程规模巨大，无线电力传输系统要解决电力生产和输送两大问题。另外，对于无线充电产品，无线充电设备必须经过相关机构的认证，同时需要找到一种相对成熟的商业模式来打开市场缺口。此外，还要对无线充电的技术进行改良和完善，需要形成一个国际通行的标准，使收发设备之间具备广泛的兼容性。

随着时代的发展，无线电力技术将会应用到手机、平板电脑、笔记本、可穿戴设备、电动汽车、军事、医疗、煤矿、化工等各种用途上。正因为此，人类文明进程中必将诞生全新的能源革命。人类凭借无线电力、移动电网，将能够推动新文明的发展之路更加宽阔。

第二节　互联网在智能电网中的应用

互联网思维正在融入智能电网的各个环节。电力网络架构将发生变化，电力云技术应用将成为电网管理的技术关键，电力移动终端应用将有爆发性增长。“互联网 + 电力”将出现“神经元”，它可以通过在分布式发电设备、储能设备、用电设备等环节部署各类能效监测终端、控制器、环境传感器、视频监控等采集控制单元，实现发电、用电、环境及安全数据的实时采集，农网、大数据传输网、移动虚拟专网将随之出现。

电网未来会建一张自己的无线专网，通过通信的全覆盖和运营商的合作，在线上支持各种应用。未来，“互联网+电力服务”会催生新的服务模式，电力服务模式将产生明显变化，移动互联网服务的方式会得到普及，客户与电网双向互动将变为现实。随之而来的是，电网发展理念将发生变革。

智能用电将得到普及，电力将实现智能化应用。未来的电力客户，包括个人客户、工业客户等，与电网的关系将是互动关系。一方面，客户与电网之间的积极互动对提高用电能效非常有帮助，对电网的能效平衡也起到关键的作用；另一方面，客户的生活方式和生活品质将得到改变和提高。随着智能用电的推广，手机作为客户终端也成为智能用电的工具，可以实现能效分析、用电查询、电费交纳、家电控制、与电网互动等功能。随着以数以亿计的客户的绑定关注，电力客户服务端将产生其他附加价值。

一、移动互联网技术分析

移动互联网的核心特征是支持通过移动通信方式连接互联网，狭义来说仅指用户通过手机连接互联网，广义来说则泛指用户通过各种移动设备，经由各种移动通信方式，访问互联网。本文取广义的含义。相比于普通的 Internet 技术，移动互联网需要解决的最大技术问题是怎样支持用户的移动性，即不能因为用户的移动中断或影响正在进行的网络访问。解决这一问题主要是通过移动 IP（MobileIP，MIP）技术，比较典型的是 MIPv4 和 MIPv6，并已形成了相关的 RFC 标准，目前研究的重点是从 MIPv4 到 MIPv6 过渡标准的建立，以及从性能、开销等方面对 MIPv6 的完善。

移动互联网代表了未来通信的发展方向，意味着可以在任何时刻、任何地点访问互联网的服务，对整个社会生活、生产方式、厂商运营模式以及技术的发展都有重要影响。

二、互联网的应用情况

电力系统对移动通信有很强的需求，早在 2004 年，就提出了移动电力系统（Mobile Power System，MPS）概念。近年来随着智能电网建设的展开和全面建设，更是从多方面开展了对移动互联网的研究和应用。调度环节作为电网中心，主要是使用移动互联网的应用成果。配电自动化系统中通信方式的选择是关键问题，移动互联网提供了一种有价值的备选方案。近年来在智能变电站建设中，也逐步有移动互联网的试点应用，如变电站巡检机器人、移动工程师站等的应用，甚至在 750kV 洛川智能变电站设计了基于 3G 移动通信网络和 ZigBee 网络的智能多态遥视系统。移动互联网技术在以下方面具有优势：

（1）能够填补原来电力系统中部分环节和场景下通信能力的不足。由于环境、成本等多重限制，在部分不便架设固定通信网络的情况下，移动互联网就成为重要的通信支撑。如输电线路覆冰在线监测、海岛可再生独立能源电站能量管理系统、电力线防盗在线监测系统等应用中，通过移动互联网补充了原来无法处处覆盖的通信，实现了基于GSM或3G网络的快速部署、低成本的可行解决方案。

（2）能够使电力系统中原来的通信支撑方案在性能、成本、可靠性等方面获得提升。如在配电网馈线自动化系统应用中，由于目前配用电通信网建设发展不均衡，覆盖范围存在地域性差异，总体上比较薄弱，许多地区在比较权衡后选择了基于移动公网的解决方案，也能够满足要求。电力抄表也存在类似的情况。

（3）作为一种新的技术手段，能够实现新的更加自动化、智能化的应用。如可能改变整个电力信息化格局的移动办公方式，目前作为试点的输电线路巡检机器人、智能变电站巡检机器人以及手机缴纳电费业务等。此类应用未来会越来越多，从根本上改变电力系统生产、运转和消费的模式。

三、典型应用模式分析

从通信手段看，移动互联网在电力系统中的应用总体上有结合自建无线网和完全使用公网两种思路。公网相比自建无线网具有节省成本、功能全面、支持众多的优势。自建无线网包括物联网、传感网、Ad-hoc自组织网络等，具有自主架设、选择性较多的优势。移动互联网的应用如果能与物联网、传感网、Ad-hoc自组织网络等技术相结合，会获得更大的适应性、更高的性价比。结合未来智能电网的发展需求，总结了四种移动互联网的典型应用模式。

（1）自建无线网应用模式。这种模式利用RFID、ZigBee等物联网、传感网技术，自己组建无线网络，以补充有线电力通信系统的不足，适用于部分不便敷设有线通信或有线通信成本很不经济的情况。突出特点是所有网络基本设施都由电力部门掌控。

（2）移动公网接服务器应用模式。这种模式利用移动公网作为通信支撑，可以覆盖广大的区域，实现对广域电网信息的各种采集。突出特点是通过公用通信设施大大扩展了电力通信能力，但导致部分通信设施不在电力部门直接控制之下。

（3）自建无线网接移动公网模式。这种模式综合了自建无线网和移动公网的优势，并把两者结合起来，形成适应性更广的技术方案。突出特点是在两种模式的基础上，进一步通过自建无线网弥补了现有电力通信和移动公网通信能力的不足。

（4）两端移动公网模式。这种模式实际是对模式2的扩展应用，充分利用移动公网覆盖面广、支持移动的特性，形成一种新的移动管理和运行方式，可以支持更广泛的电力业务。

四、面临的问题和挑战

1. 安全性

随着移动互联网的广泛应用，其安全性已经引起全社会的广泛关注和研究。移动互联网的应用实际还是以 IP 技术为基础，这决定了原来互联网上的安全问题在移动互联网也存在，同时由于其移动应用本身的特点，还引入了新的安全问题。其中“可靠性”威胁主要是 IT 系统设计和建设本身，属于传统问题，没有单独列出对应的关键技术。

电力系统是以安全稳定为第一要务的领域，移动互联网在电力系统得到应用，必须具有安全性，在这方面已经优先开展了大量研究。在电信运营商和设备商提供的移动互联网安全保障的基础上，还需要从以下几个方面进一步加强安全性：①综合应用多种安全技术，对安全认证，综合采用了数字证书认证、终端特征识别、安全状态扫描等多种技术，多重保证认证安全；②专用网络和设备，通过对 SIM 卡、终端乃至网络（VPN）专用，可以屏蔽掉相当一部分威胁；③对原有安全技术的二次加强，如采用对机密应用数据的二次加密、对应用过程的增强型认证、移动应用状态的在线监测和防护等；④技术之外的安全保障，如物理安全、管理制度、防护意识普及等。

2. 可靠性

电力系统中的应用对运行的可靠性要求非常高，这是与个人用户移动互联网应用的根本不同。无线抄表应用，如果信号短暂故障，可以等到恢复时继续；移动现场作业，一旦不定时出现可靠性问题，则可能造成严重后果。在已有的风险管理、安全设计、形式化验证、预防设计等电力应用系统可靠性设计方法基础上，移动互联网的应用带来了新的风险，也需要更丰富的研究和设计方法。移动应用的可靠性受到移动终端的续航能力、移动终端的处理和存储能力、无线信号强弱、链路带宽、误码率甚至当时的使用用户数等众多因素的影响。电力系统应用地域广阔复杂，配用电可能处于复杂的小区环境，输电应用则可能面临复杂的地质条件，各种电力设备、电磁环境可能对移动信号形成干扰，此类因素都增加了电力系统中移动互联网可靠应用的复杂性。

3. 实时性

移动互联网的实时性，可以定义为从发送数据到接收数据之间的传输时延。这取决于所传输数据包的大小、收发端的空中接口性能、传输所经过的网络时延、途经各个节点的缓存和处理时延、所购买传输业务的优先级等多种因素。移动互联网覆盖地域广大，同一张网在不同地点、不同时刻的性能可能都有所差异。目前 GPRS 网络大约可以达到 56kbit/s 甚至 114kbit/s，实际应用中 128B 以内数据包在收发两端的平均时延可以在 Is 之内，1024B 内数据包在收发两端的平均时延则在 2s 内。

纵观电力系统的各类应用，对实时性的要求可以分为 4 类：①毫秒级以内的实时性要求，如保护采样和动作等；②秒级实时应用，如采集监控系统中的事件顺序记录等；③ 10s 以上乃至分钟级的应用，如对部分人机接口和高级分析计算等；④非实时生产和管理类应用，没有实时性要求，如无线抄表、管理信息系统等。目前电信移动互联网可以确保满足第 3 类和第 4 类要求；对于第 2 类秒级应用，经过优化设计和实验校正，基本可以满足；对于第 1 类毫秒级以内的实时性要求则不能满足。

4. 受控情况

移动互联网应用与传统电力系统应用最大的不同是受控情况不同。传统电力系统应用全部在电力系统内部，通信部分也全部落在电力调度数据网和综合通信网内（国内情况），所有过程全部可控。但是移动互联网应用中有一部分在公网上，虽然可以采用 VPN 等业务，但不是完全可控的。这一问题导致安全性和可靠性隐患，解决的途径在于与电信部门深入合作，在电信行业提供的安全和可靠保障的基础上，提高终端、网络和业务的开放性，在电信运营商能够接受的范围内提高用户对电力移动互联网应用的监控能力。

5. 与云计算的结合

移动终端是天然的云终端，如能使用户随时随地通过移动互联网以按需、易扩展的方式获得所需的服务，将是未来一种理想的业务模式。目前云计算技术已经在电力系统中引起广泛的重视和研究，并陆续有试点应用。未来电力系统中移动互联网和云计算的结合将是一个重要发展方向。

6. 有关标准的建立

目前国内外的智能电网技术标准已得到广泛研究，并形成了相关体系。移动互联网应用的逐步加入和普及，为智能电网标准建设加入了新的元素。如何结合电力系统安全设计的各类要求，充分应用有关国际标准组织 IETF（互联网工程任务组）、ITU-T、3GPP（第三代合作伙伴计划）颁布的众多移动互联网标准，通过规范化和标准化，巩固和推广移动互联网在电力系统中的应用，是一项重大工作。移动互联网作为近年来通信技术和应用最重大的发展方向，可以补充和加强电力系统通信支撑能力，也使我们摆脱了“画地为牢”的固定应用模式，从根本上改进和完善电力系统生产、运营和管理方式。可以预见，移动互联网在电力系统中有广阔的应用前景。但同时面临着安全性、可靠性、成本、实时性等多方面的挑战，这些关键问题的解决决定了移动互联网在电力系统中应用的方式、范围以及进度。后续研究建议统筹布局、稳步推进，分别对这些关键挑战深入开展研究。

第三节　互联网时代智能电网的发展

“互联网 + 智能电网”的发展将直接带动十大战略性新兴产业：电力和能源互联网、节能环保、新一代信息技术、高端装备和智能制造、新能源、新材料、新能源汽车、智能家居、机器人、无人机产业的融合发展，促使这些产业的快速升级。

这个产业将催生一系列新的能源装备制造（如能量集线器、能量交换机、能量路由器）、能源网络运营商（以及虚拟运营商）、信息能源系统集成商、信息能源融合应用开发商等，虽然类似互联网，但附以能量内涵，因此具有巨大的产业规模和广阔的市场前景，必将孕育出全新的商业模式。

该产业链采用互联网理念、方法和技术实现能源基础设施架构本身的重大变革，构建新型的信息能源融合网络。这一行动是跨越多学科领域的综合系统建设工程，涉及众多行业、技术、研发的尖端变革。

产业链涉及到网络、通信、电力、储能、电力电子、新能源等多个领域技术的交叉融合，能源互联网、智能电网、智慧城市、物联网、云计算等技术发展和融合的统筹规划思路，可带动新材料、电力电子元器件、终端设备、电动汽车、新型储能设备、通信设备和软件等相关产业的发展。

这个产业链的核心企业由主产业链上的新能源发电设备制造企业、储能产品生产企业、接入设备生产企业、电力软件系统研发企业组成。直接为产业价值链核心企业提供技术、产品、服务的上游企业主要包括：电力设计单位、电力试验研究单位、电力软件系统开发企业、电力关键设备生产企业、计算机及其外围设备供应商、通信设备及通信服务供应商等。

电力软件系统开发企业也为电力设计单位、电力试验研究单位提供技术、产品或服务；电力关键设备生产企业也为电力试验研究单位提供技术、产品或服务。

电力软件系统开发企业的上游企业包括：商业软件供应商（操作系统、开发工具、数据库等）、地理信息系统及信息服务供应商、通信设备及通信服务供应商、计算机及其外围设备供应商等。

电力关键设备生产企业主要包括一次设备和二次设备的生产企业。一次设备生产企业的上游企业包括：钢铁等原材料供应商，模具生产、机械加工企业，传感器、芯片、电力电子器件等供应商，以及二次设备生产企业等。

二次设备生产企业的上游企业包括：模具生产、机械加工企业，传感器、芯片、电力电子器件等供应商，印刷电路加工商，计算机及其外围设备供应商，通信设备及通信服务供应商等。

一、互联网带来能源发展变革

互联网能源是互联网和新能源技术相融合的全新的能源生态系统。它具有“五化”的特征：能源结构生态化、市场主体多元化、能源商品标准化、能源物流智能化及能源交易自由多边化。互联网能源的优势在于基于更低的成本，能为消费者提供更优的服务，同时赋予消费者更自主的权利。

互联网能源基于可再生能源和气体能源利用特点，形成众多产能用能一体的市场单元，依托能源物理网和互联网相融合的开放平台，自主、平等地进行能源相关产品和服务的多边交易，实现能源系统效率最高和能源价值的最大化利用，是能源结构生态化、产能用能一体化、资源配置高效化的全新能源生态系统。

互联网能源的特征如下：

（1）能源结构生态化。能源结构生态化，就是指能源结构将以可再生能源为主导，气体能源作为补充和支持。在人类当前技术经济条件和资源环境约束下，这样的能源结构组合对生态是最友好的，也是人类最现实的能源选择。众所周知，可再生能源周而复始、循环再生，遵循地球运转规律，是当前最生态的能源。而作为支持和过渡能源的气体能源，也是化石能源中最清洁的、对环境最友好的。而互联网将可再生能源和气体能源有效融合，这样的能源结构应是当前和未来一段时间内的切实选择。随着新能源技术和信息技术的快速发展，可再生能源应用比例将不断提升，化石能源比例不断下降，未来的能源结构将更加生态，人与自然将更加和谐。

（2）市场主体多元化。市场主体多元化，是指分布式能源是未来能源的主要生产方式，将孕育众多产能用能一体的能源市场主体，他们不再依附于大能源公司，有了更多的自主权和更平等的市场地位，从而从根本上改变了市场结构和市场主导权。同时互联网能源是一个开放系统，任何有益于这个生态系统的市场参与者都可以进入，比如集中式产能、储能、资源循环利用、能源输配设施、能源服务等辅助服务单元，都可以成为互联网能源的有益补充。

（3）能源商品标准化。能源商品标准化，是指不同品类、不同品质或不同时空之间的能源可以相互转换，价值可以统一度量，这是互联网能源交易的前提。这既需要不同能源在物理层面实现转换，在不同时空间实现输配，同时也需要合理便捷的度量衡来支持结算。比如我要的是热，你多余的是电或气，那就需要物理上的及时转换，并根据能量的不同品质，赋予与其价值相适应的价格。如果我要卖电，对需要电的隔壁邻居和 10km 外的客户来说，其价值是不同的，可以是不同的电价。

（4）能源物流智能化。能源物流智能化，是指互联网能源需要自由开放、智能高效的能源物流网络，这是互联网能源交易价值实现的物理基础。从物理网络层面来说，管网要互通互联，接口要标准开放，能源可自由接入，同时还需要科学规划、经济高效的储能体系，以提升整个系统的物流效率，降低系统成本。从智能优化层面来说，如此多的多边交易和双向流动，对能源储运系统挑战很大，必须借助智能手段，使其能够根据客户需求变化，优化输配路径，提高效率，降低能源物流成本，这是实现交易的重要基础。

（5）能源交易自由多边化。能源交易自由多边化，就是要建立互联网能源的交易平台，各类市场主体可以自由进出，依托透明的信息和统一的能量价值度量衡，平等自主地进行多边交易，并利用智能化的物流系统完成能源的输配。更重要的是，在这个透明的市场里，企业为获得竞争优势，需要不断提高效率和创新，而用户产能用能，既可以成为创新主体，也可以提出合理化建议，同时社交网络的存在，大家分享经验，相互协作，更是加速了整个生态系统的更新换代。既自由竞争，又相互协作，不断推动能源系统效率更优和能源价值的最大化利用。

二、互联网促进充电设施普及

随着国家对电动汽车发展的大力支持，电动汽车充换电设施不能满足需求的问题越来越突出。在这种背景下，运用互联网思维建设运营充电设施这一观点脱颖而出，获得不少人的认可与支持。互联网思维之下，充电设施建设运营或将成兵家必争之地。互联网思维下充电设施建设运营机会分析如下。

1. 搭上国内外新能源汽车发展的快车

当一个热点兴起，谁都不想被边缘化，都想站在热闹的中间，而新能源汽车正是现阶段的一个大热点。无论是中央地方频频出台的新能源汽车推广补贴政策，还是企业纷纷上马的新能源汽车产业项目，都足以证明新能源汽车在当下的热度。在这种情况下，不管是跨界的还是非跨界的，都想在新能源汽车发展浪潮中赚得盆满钵满。

然而，想要进入新能源汽车产业链也并非易事，像《新建纯电动乘用车生产企业投资项目和生产准入管理规定》（征求意见稿）、《汽车动力蓄电池行业规范条件》等列出的条件足以将大批想进入新能源汽车产业的“非巨头”企业拒之门外。“谁有钱谁就投”的充电设施建设运营为企业进入新能源汽车产业链提供了一个机会。

2. 以相对廉价的方式获得一个用户

移动互联网时代，得用户者得天下。在互联网思维之下，充电设施建设运营尤其是公用快充桩建设运营可成为一个重要的用户入口。目前，各种电动汽车充电桩地图正迅速兴起，尚没有出现一款充电 APP 能一统天下。而 2015 年被定义为新能源汽车进家庭的元年，中汽协常务副会长兼秘书长董扬预计在 2016 年新能源汽车保有量达到 50 万辆的目标可期。这将是不能被忽视的用户群体，毕竟新能源汽车是未来的发展方向。建设运营电动汽车充电网，当车主通过充电 APP 给爱车充电时运营商即可以获得一个新能源汽车用户。而用户数据在互联网思维下是一项重要的资源。

3. 有一些潜在的商业机会

通过用户数据挖掘发现潜在的商业机会，可以说是互联网思维下充电设施建设运营的终极目的。

（1）日常消费品在移动互联网端的推广。充电 APP 在用户达到一定的量级后会吸引附近的商圈入驻平台，提供消费品在移动端的销售甚至快速送货上门服务。当然，如果充电设施建设运营者自己有能力有精力，也可以推广自家的东西来赚取利润。

（2）同城快递。按照百度百科的解释，同城快递服务是快速收寄、分发、运输、投递（派送）单独封装具有名址的信件和包裹等物品，以及其他不需要储存的物品，按照承诺时限递送到收件人或指定地点，并获得签收的寄递服务。在充电 APP 服务平台中，快递员可能正是要经过收货地点的新能源汽车用户。

（3）交友。正如天猫广告中所说的，在未来朋友来自收藏同一条裙子的人。通过充电 APP 认识附近同样使用新能源汽车的车主成为朋友是完全有可能的。

当然，还会有一些人希望利用充换电设施建设运营的机会，借助于“新能源汽车”和“互联网 +”概念谋求公司上市。

三、充换电设施建设运营现状

与充换电设施建设运营商利益息息相关的主要是充换电设施建设补贴和充换电服务费，另外充电设施保有量及充电设施建设规划及新的模式也会对建设运营商产生直接影响。

1. 关于充换电设施建设奖励或补贴

目前，国家层面的充换电设施建设奖励方案尚未出台。在 2013 年 9 月四部委出台的《关于继续开展新能源汽车推广应用工作的通知》（财建〔2013〕551 号）中，对充换电设施建设补贴描述为“中央财政将安排资金对示范城市给予综合奖励，奖励资金将主要用于充电设施建设等方面。具体奖励办法及标准另行制定”。之后在 2014 年 11 月四部委出台《关于新能源汽车充电设施建设奖励的通知》（财建〔2014〕692 号），规定中央财政对推广量达到一定数量的城市或城市群根据新能源汽车推广数量分年度安排充电设施奖励资金，并制定了具体奖励标准；对符合国家技术标准且日加氢能力不少于 200kg 的新建燃料电池汽车加氢站每个站奖励 400 万元；对服务于钛酸锂纯电动等建设成本较高的快速充电设施，适当提高补助标准。通知明确指出，奖励资金由地方政府统筹用于充电设施建设运营、改造升级、充换电服务网络运营监控系统建设等领域。

不过，已有十余个新能源汽车推广城市（群）出台了地方充电设施建设补贴标准。

（1）南昌市。根据南昌市发改委出台的《关于新能源汽车配套充电设施补助申请公告》，对新建自用 / 公用 / 专用充电设施按充电设备购置总价给予 20% 补助。

（2）厦门市。根据《厦门市新能源汽车推广应用实施方案》，厦门市对新建的公共充电设施，按充电桩设备投资额的 20% 给予财政补助。其中，对新建的公交专用充电设施，按充电桩设备投资额的 40% 给予财政补助。

（3）广州市。根据《广州市新能源汽车推广应用管理暂行办法》，广州市对公用、集中大规模自用和专用领域建设的满足国家通用性标准要求的充电设施，原则上地方财政可按投资额（不含土地费用）30% 的标准给予补贴。有效期至 2016 年 12 月 31 日。

（4）重庆市。根据《重庆市新能源汽车推广应用工作方案（2013—2015 年）》，重庆市市财政对在重庆市建成并经认定的充换电基础设施，给予市级财政补贴总计 1500 万元，分 2014 年、2015 年两年拨付。符合本市财政补贴政策的充换电基础设施，市级财政根据充换电基础设施投资额（不含土建工程及其他支出），按照以奖代补的方式给予补贴。

（5）深圳市。根据《深圳市新能源汽车发展工作方案》，深圳市地方财政按照集中式充电设备总投资的 30% 对充电设施建设给予补贴。

（6）南京市。根据《南京市新能源汽车推广应用财政补贴实施细则》，南京市对充换电服务运营单位承建的充换电设施费用，市、区（原五县）按照“市区（开发区）分担”原则，给予 15% 补贴。

（7）江苏省。根据《2015 年江苏省新能源汽车推广应用省级财政补贴实施细则》，江苏省按充电桩充电功率对充电设施建设给予补贴，交流充电桩 800 元 /kW、直流充电桩 1200 元 /kW。

（8）武汉市。根据《武汉市人民政府关于鼓励新能源汽车推广应用示范若干政策的通知》（武政规〔2014〕9 号），武汉市对公开招标采购并验收合格的交（直）流充电桩，按照设备投资额的 20% 给予一次性补贴，最高补贴金额不超过 300 万元。有效期至 2016 年 6 月 30 日。

（9）太原市。根据《太原市新能源汽车推广应用实施方案》，太原市市级财政补贴基础设施建设投资方，补贴资金从市本级财政和中央财政对示范城市给予综合奖励资金中筹措，按充换电基础设施建设投资的 10% 给予补贴。

（10）上海市。根据《上海市新能源汽车推广应用实施方案（2013—2015 年）》，上海市对充换电设施建设运营公司投资建设符合扶持条件的充换电设施，由地方财政给予不超过 30% 的资金支持。

（11）宁波市。根据《宁波市新能源汽车推广应用资金补助管理办法》，宁波市对新能源汽车的充电设施建设，按充电设施实际投资额（不含土地）的 20% 进行补助。

（12）长兴县。根据《长兴县新能源汽车产业培育发展三年行动计划（2015—2017年）》，浙江省长兴县对充电站（桩）等配套设施项目建设，给予投资总额10%的资金支持，最高可达100万元;对以太阳能光伏为动力的充电站（桩）等配套设施建设项目，给予投资总额15%的资金支持，最高可达150万元。

2. 关于充换电服务费

目前，电动汽车充换电设施运营收入主要靠向电动汽车用户收取充换电服务费。根据2014年7月国家发展改革委发布的《关于电动汽车用电价格政策有关问题的通知》（发改价格〔2014〕1668号），充换电设施经营企业可向电动汽车用户收取电费及充换电服务费两项费用，2020年前对电动汽车充换电服务费实行政府指导价管理。虽然国家发改委的通知早在去年7月即已发布，但实际上地方出台充换电服务费上限标准的并不多。截至目前，仅南京、合肥、济南、惠州、佛山、扬州、江西省、河北省等发布当地充换电服务费上限标准。

3. 关于充换电设施建设数量及规划

截至2015年1月，国内已经建成了723座充电站，28000个充电桩。而由能源局制定的《电动汽车充电基础设施建设规划》草稿规划到2020年国内充换电站数量达到1.2万个，充电桩达到450万个。

目前，国家层面的电动汽车充电基础设施建设规划尚未出台，武汉市、南京市、西安市已出台当地的充电设施建设规划，具体文件分别为《武汉市新能源汽车充电设施建设规划》《2015年南京市新能源汽车充换电配套设施建设计划》《西安市新能源汽车充电基础设施建设实施方案》。

4. 充换电设施众筹模式暗流涌动

充换电设施众筹模式即由发起人和支持者根据自身优势提供停车充电场地、充换电设备等共同参与充换电设施建设，建成运营后合伙人共享收益。通过众筹模式降低充换电设施建设运营的成本和风险，并运用互联网思维开发充电APP平台增值服务，或能够解决充换电设施建设运营投资回报时间长、盈利模式单一等问题。目前已有江苏万邦集团“星星充电”等公司开始尝试充电桩众筹项目。

移动互联网正在改变我们的生活。互联网思维之下，充电设施建设运营或将迅速兴起，改变目前车多桩少充电难的局面。在新一轮的充电设施建设运营浪潮中，谁将提前布局抢得先机、谁将创新思路提升服务、谁会成为巨头笑到最后，我们拭目以待。

四、互联网促进电网信息化升级

互联网的核心在移动互联网，而移动互联网的真正架构在智能终端里，抓住APP、抓住移动互联网，把所有的客户都抓在手上，才是我们服务的关键。那么，互联网到底给电网企业带来了哪些影响？互联网，特别是移动互联网，进一步消除了电网企业和客户之间的信息不对称，同时，它使得单一客户更为便捷地建立连接，形成舆论热点，从而增强话语权。互联网时代，电网企业的“竞争对手”不完全是以前的自己，甚至也不完全是现在的同行，而是拥有更好客户体验的企业。

在互联网的影响下，电网企业面对的客户变了，提供服务的技术手段变了，企业本身的价值形态也悄然发生转移。截至2013年年底，我国移动电话总数达12.29亿户，移动电话用户普及率达90.8部/百人。移动互联网的快速普及，影响着每个人、每项商业活动和每种行业，互联网化已成为一种显而易见和愈演愈烈的社会现象。在日常生活中，人们开始习惯通过互联网解决所有交易：购买书籍、衣服、日用品、机票，预订酒店、景点门票，获取交通信息、观赏电影以及买卖股票。

长期体验众多便捷服务的客户正在变得“刁钻”。细究用户的“刁钻”则直接指向一个关键词：便捷。客户对便捷的高要求，倒逼电网企业及时并持续提升服务水平。数据证实了客户对更便捷办理业务的爆发性需求，例如：广州供电局支付宝缴电费，仅仅上线半年就发生4万多笔，金额1000多万元。客户正在通过互联网，迅速形成一个个社交群体，通过“众筹”的方式，产生更大的话语权。

对电网企业而言，如何在这些社交群体里打造属于自己的生态圈、建立沟通机制、产生增值服务，是必须思考的问题。作为广东电网最早试点微博微信服务的供电局之一，东莞供电局的“双微（微信、微博）”响应，便是一个值得借鉴的例子。通过对微博微信所反映问题的主动响应、及时沟通，绝大多数问题都没有演变成投诉。反而，大多客户使用“双微”，是为了获得便捷的咨询与办电服务。这种背景下，微信逐渐担起电子化业务办理重任，如地图定位营业厅、业扩报装、账单查询、更改客户资料等业务。互联网能够对用户体验产生巨大改善，最后对用户行为产生影响，这种自上而下的创新才是应该借鉴到传统企业中去的。

客户的变化，不仅体现在城区用户对电子化服务的需求上，也体现在城郊和农村用户对供电服务品质的要求上。农村客户占多数的东莞东坑供电分局，客户满意度指标从2010年的64分，蹿升到2013年的93分，名列东莞供电局下属单位第一。

从重视大客户到同时重视普通用户，这种转变源于客户满意度指标落后带来的焦虑，但无形中却契合了互联网重视客户体验的精神。这正应了管理大师德鲁克的一句话：摧毁巨人的不是技术，而是变化的客户。不要忽视长期接触互联网对用户带来的体验和需求的影响。

技术的发展和政策的变化将逐渐积累起影响传统电网企业的能量，那个时候电网企业对互联网的驾驭要求将远远超出现在的范围，需要早做准备。这要求企业更新技术手段，适应社会潮流。目前，广州供电局除微信、微博、掌厅、网厅、自助终端、支付宝支付平台外，还将在近期推出微信智能客服，实现停电信息查询、政策咨询、营业厅地图指引、业务办理指引等功能。

光有技术革新的“硬件”，没有服务到位的“软件”也不行。要摒弃传统观念，学小米，提升客户参与感，直面自己产品的不足。只有让客户感受产品良好的使用体验，产品才会获得认可。除了微信等新媒体手段，对客户和设备进行细分的大数据技术，也给电网企业带来了新的契机和挑战。电力行业数据量大、类型多、价值高，对于电力企业盈利与控制水平的提升有很高的价值。有电网专家分析称，每当数据利用率调高 10%，便可使电网提高 20%—49% 的利润。

目前，广东电网公司利用大数据在客户细分、客户抱怨、客户满意度等领域进行了实践探索。根据客户满意度调查，了解客户对哪个环节意见较大，再根据营配信息集成或营销系统的相关数据进行分析，细分客户，为客户提供更为优质的服务。

除了便捷之外，互联网精神的另一大核心要点是开放，这直接催生了新的价值领域。如果传统企业能够运用互联网创造出新业务模式，便可在新一轮的市场竞争中脱颖而出。互联网一方面加速新型业务模式的发展，催生新的价值领域；另一方面也将引入更多、更有实力的市场参与者，使市场竞争更加激烈。最近苹果、谷歌进入车联网市场就是一个信号，如果未来所有电动汽车的行驶、充电等行为信息都掌握在互联网巨头手中，供电企业将在一定程度上失去电网规划建设的主动权，调度运行也更加受制于人。在解决数据安全和用户隐私的前提下，供电企业数据可以催生很多新的商业模式和价值领域。

在新的价值领域方面，利用电力行业数据可给用户提供更加丰富的增值服务。例如，通过提供各月份分时明细用电视图，让用户了解自身用电习惯，并能根据需要进行调整。此外，作为经济先行数据，用电量是一个地区经济运行的“风向标”，可作为投资者的参考指标。

第四章 “互联网+”智慧能源

“互联网+”智慧能源作为智能电网与能源网融合的典型场景之一，是基于互联网思维推进能源与信息深度融合，构建多种能源优化互补，供需互动、开放、共享的能源系统和生态体系。面向电力改革及能源市场化的新趋势，“互联网+”智慧能源将在信息物理高度融合的基础上，借助互联网所提供的公开、共享的市场环境，还原能源商品属性，实现传统能源的智慧化升级，更有效地支持新能源的灵活接入，持续提高能源利用效率。本章将对我国建设“互联网+”智慧能源的必要性及其形态特征进行阐述，并重点分析“互联网+”智慧能源技术需求及其技术的发展方向。

第一节 现状及发展趋势

计算机网络技术作为新生代的科技产物，代表着新媒介技术的产生、发展和普及，正在引导着整个社会发生变化。在过去的几年中，互联网已经给人类的交往方式、思维逻辑、社会结构造成了不可逆转的、翻天覆地的变化。互联网发展至目前，在性能与安全性两方面有了革新性的突破。性能提高表现为两方面，其一是数据传输的高速化。高速通道技术的应用，能够有效地、大幅度提高互联网的传送速度，以此达到更快的资源流通的目的。其二是得益于芯片技术的发展。信息处理速度的大幅提升，对输入的信息有更快的响应，能够处理的信息量大幅提升。同时，新的防御系统、加密技术的提出，以及存储设备的稳定性提高，使得互联网中信息及数据的安全性得到了极大的提高。互联网是人类信息技术文明发展的重要体现，而信息技术几乎已经渗透和影响到了各个领域中，并且许多领域在其影响下开始了跨界创新与融合。相比之下，电力系统总体较为保守、封闭，能量流与信息流一直存在同步不畅，与其他领域的交流也不够。随着科技的不断发展，我国能源、经济形势的变化，利用“互联网+”对于传统能源进行智慧化改造的意义越来越明显，将互联网技术应用于电力系统，发挥互联网技术的优势对传统能源网络进行改造，并促进传统电网与其他能源网络、信息智慧化技术进行融合，形成的“互联网+”智慧能源是我国电网未来的发展方向。

互联网可以促进信息的交流，实现数据的汇总并基于此全局优化资源的分配。而所谓互联网思维，是指在互联网、大数据、云计算等科技不断发展的背景下，对市场、用户、产品、企业价值链乃至整个商业生态进行重新审视的思考方式。互联网思维体现在社会生产方式上的理解主要有两点：生产要素配置的去中心化和生产管理模式的扁平化。基于互联网的开放、平等、协作、共享精神，各种系统生产要素配置的主要形式是去中心化，是分布式的；企业的管理也会从传统的多层次走向更加扁平、更加网络化。基于“互联网 +”思维对传统行业进行改造，可以促进其业态发展变化，催生新模式兴起，实现行业革新，为其注入活力，获得经济上的增长点。而在以电力为代表的能源领域实行“互联网 +”智慧能源的改革，对提高可再生能源比重，促进化石能源清洁高效利用，提升能源综合效率，推动能源市场开放和产业升级，形成新的经济增长点，提升能源国际合作水平具有重要意义。

能源网中的电网中，各类一次能源发电和分散化布局的电源结构（骨干电源为主）通过大规模互联的输配电网络，连接各用户使用，具有天然的网络化基本特征。电力系统终端用户用电业已实现“即插即用”，电力用户无须知道所用电的来源，只需根据需要从网上取电，具有典型的开放和分享的互联网特征。虽然如此，目前我国电网发展仍遇到了一系列的问题：经济发展面临增长新常态，电力系统不支持多种一次和二次能源相互转化和互补，不能支持高比例分布式清洁能源电力的接入；综合能源利用效率和可再生能源利用率的提高受限；三北等地区弃风弃光、西南地区弃水现象愈演愈烈；与此同时，火电建设却在不断开动，环境污染也成为人们的关注焦点。传统电力系统集中统一的管理、调度、控制系统不适应大量分布式发电及发电、用电、用能高效一体化系统接入的发展趋势。传统电力系统的市场支持功能，不适应分散化布局用户能源电力的市场化运作。近年来以新能源汽车、储能为代表的新技术、新业态正在蓬勃兴起，电力市场交易与电力体制改革也在进行，但是仍然不能及时适应能源领域和社会各行业产生的新变化。而油气等行业也在面临油价低迷、污染严重等问题，行业活力差。

因此，总体来说，能源领域有必要引入互联网思维对其进行改革，融合资源，激发活力。以互联网思维改造传统能源行业，就是要大力推进能源与信息的深度融合，同时发挥电力网覆盖面宽、能量和信息一起传输的独特网络优势，克服传统思维的局限和存在的薄弱环节，构建骨干电源与分布式电源结合、主干网与局域网微网协调、多种能源优化互补、供需互动开放共享的“互联网 +”智慧能源系统和生态体系。

第二节 “互联网 +”智慧能源的形态特征

“互联网 +”智慧能源是一种互联网与能源生产、传输、存储、消费以及能源市场深度融合的能源产业发展新形态，具有设备智能、多能协同、信息对称、供需分散、系统扁平、交易开放等主要特征。在全球新一轮科技革命和产业变革中，互联网理念、先进信息技术与能源产业深度融合，正在推动能源互联网新技术、新模式和新业态的兴起。设备智能（如各种用能终端、能源网络以及能源信息云平台）都有信息技术的广泛参与，可以全面收集能源信息，进行收集分析并指导能源网络的优化运行，实现能源与信息的耦合。能源网络中的各组成部分可以动态地接收系统云平台的指示，智能地变换工作状态，以响应系统需求，从而达到优化系统能效、降低碳排、提高系统稳定性与柔性的目标。

多能协同：能源互联网支持电—热—冷—气—交通等多网络的智慧互联，支持能源的互相转化，以多种能量互相转化互补的方式来实现能源系统的优化运行，降低某单个系统的负荷，实现能源系统的动态优化配置。多能协同依托高性能能源技术、多能流耦合分析与控制技术、云平台监控运维技术，实现多种能流的优化协同运行，实现全系统的高效绿色运转。

信息对称：传统电力等能源网络具有垂直层次式的治理结构，终端用户在其中属于被动用能者，电网公司等对电力网络具有几乎完全的控制权，也几乎完全占有了能源信息，即电网运维者与用户的能源信息是严重不对称的。而随着“互联网 +”智慧能源的发展，能源界将产生许多新的业态，比如售电公司的成立，产消一体化用户的产生等，在这种情况下，能源市场的传统垄断化、垂直化结构将被打破，市场会有更多的参与者进入，而该更为扁平化的能源结构必然将会导致信息交流更为频繁，传统的能源信息被电网公司垄断的情况也会被打破，参与电力、能源市场的各主体都能够享有信息，从而支持其在市场上开展业务。

供需分散：传统能源系统为典型的大电网集中式一垂直式管理，而“互联网 +”智慧能源的改革将使得能源体系走向集中一分布并重，分布式能源将大量参与能源系统，并灵活进行响应，就近解决能源需求问题，并依托互联网技术实现供需优化对接与配置。

系统扁平：“互联网 +”智慧能源将使能源体系的治理结构发生变革，垄断和垂直管理的传统结构将会被打破，能源市场将有多主体参与，电网公司将更多地向服务者的角色、能源解决方案提供商的方向来发展，终端用户也可以转为产消一体者，各方在扁平化市场中开展互动与合作。

交易开放：“互联网 +”智慧能源将使得能源市场活力被激发，多主体将参与能源市场，并将基于用能需求提供多种丰富的服务，各能源供应商可以在市场上展开竞争，整个市场的运行呈现开放的特点。能源市场将在电力体制改革等一系列政策支持的推动以及能源市场自身的自由发展下而建立起充分活跃的市场交易与互动机制，用能用户可像在其他市场一样实现能源的开放、自由交易。

第三节 “互联网 +”智慧能源的技术需求

一、能源生产智慧化的技术需求

能源生产智慧化，可以实现对能源生产全过程的监控和调度，保证多种能源的协调生产和相互转化，提高能源生产对于能源网络的友好性，并将能源生产与能源传输消费过程紧密协调互动，实现对于能源网络、消费智慧化的支持，保证能源生产的高效、清洁、绿色、智慧化。

需要建立能源生产运行的监测、管理和调度信息公共服务网络，加强能源产业链上下游企业的信息对接和生产、消费的智能化，支撑电厂和电网协调运行，从生产侧助力能源生产与消费的平衡，提高系统的能效和稳定性。需要鼓励能源企业运用大数据技术对设备状态、电能负载等数据进行分析挖掘和预测，开展精准调度、故障判断和预测性维护，提高能源利用效率和安全稳定运行水平。需要开发促进可再生能源消纳、分布式能源参与能源网络运行的技术，促进非化石能源和化石能源协同发电，降低可再生能源、分布式能源对能源网络的冲击，提高能源系统的绿色、环保性。需要开发多能流生产协同的分析控制技术，加强不同种能源生产之间的良性互动，基于多能协同控制系统在能源生产端实现多能耦合的优化生产。虚拟发电厂打破了传统电力系统中物理上发电厂之间以及发电和用电侧之间的界限，充分利用网络通信、智能量测、数据处理、智能决策等先进技术手段，有望成为包含大规模新能源电力接入的智能电网技术的支撑框架。

二、能源网络智慧化的技术需求

“互联网 +”智慧能源，强调可再生能源（特别是新能源与分布式能源）和互联网的融合发展，这将颠覆传统的能源系统，并从根本上解决能源的供给和安全问题，将助推新一次能源革命的崛起。我国的能源生产和消费体系还是以煤炭为主要能源类型且传统电网存在一些安全隐患，发展与分布式可再生能源互联互通的能源互联网将是大势所趋。在城镇化的过程中，发展分布式的低碳能源网络很有必要。未来我国城镇化率将增加 10%~20%，城镇化以后，农民转变为市民，生活质量提高，包括留在农村的农民，随着农业现代化，生活水平将提高，人均用能和用电都会增加。因此要特别倡导分布式的低碳能源网络，将集中式电网与分布式网络相结合，包括农网改造，也要注重发展分布式网络，多使用可再生能源。

我国太阳能、风能等可再生能源储量丰富，建设以太阳能、风能等可再生能源为主体的多能源协调互补的能源互联网符合我国实际国情。在构建分布式新能源网络的过程中，需要重点突破分布式发电、储能、智能微网、主动配电网等关键技术，构建智能化电力运行监测、管理技术平台，使电力设备和用电终端基于互联网进行双向通信和智能调控。通过以上的技术突破，实现分布式电源的及时有效接入，逐步建成开放共享的分布式能源新网络。

三、能源消费智慧化的技术需求

受限于目前电力市场建设的不完善，在大多数情况下，电能交易只能遵从单一的交易模式，即用户在需要时直接向电网取电，电力公司以统一的价格向用户收取电费。随着用电量的增长，这种单一交易模式的弊端逐渐显现：首先，为了满足高峰时段的用电需求，电力公司需要预留大量富余容量，在非高峰时段造成大量装机容量的浪费；其次，在目前单一交易模式的影响下，用户养成随取随用的用电习惯，用电设备的智能化程度较低，无法与电网形成良好互动，导致用电高峰的不确定性增加。解决以上问题，既需要探索建立新的电力交易及商业运营模式，同时也需要提高用电设备的智能化程度。

回顾信息互联网的成功经验，其举世瞩目的成就不仅在于创造出了一个信息互联的网络技术体系，更在于孕育出了全新的互联网思维方式与商业运营模式。能源互联网从概念设计阶段即孕育了“互联网思维”的种子，希望通过先进的信息技术“武装”一批广泛的、先进的能源生产者和消费者，以市场化的方式参与到能源系统的运行和竞争中去，全面提升能源系统的运行效率和生产力水平，并推动能源系统生产关系的深刻变化。基于互联网，探索新的电能交易模式，改造用能设施，创造新的能源消费模式。

能源局在《指导意见》中提出，需要开展绿色电力交易服务区域试点，推进以智能电网为配送平台，以电子商务为交易平台，集储能设施、物联网、智能用电设施等硬件以及碳交易、互联网金融等衍生服务于一体的绿色能源网络发展，实现绿色电力的点到点交易及实时配送和补贴结算。同时，进一步加强能源生产和消费协调匹配，推进电动汽车、港口岸电等电能替代技术的应用，推广电力需求侧管理，提高能源利用效率。基于分布式能源网络，发展用户端智能化用能、能源共享经济和能源自由交易，促进能源消费生态体系建设。

第四节　能源生产智慧化的技术发展方向

一、基于互联网的能源生产信息公共服务网络

需要建立能源生产运行的监测、管理和调度信息公共服务网络，加强能源产业链上下游企业的信息对接和生产、消费的智能化，支撑电厂和电网协调运行，从生产侧助力能源生产与消费的平衡，提高系统的能效和稳定性。重点开发能源生产信息云平台与服务网络，实现与大数据平台、能源生产以及消费等环节智慧终端的互动，并开发相关的能源服务模式，参与和支持能源市场相关业务。

二、基于大数据的生产调度智能化

需要鼓励能源企业运用大数据技术对设备状态、电能负载等数据进行分析、挖掘和预测，开展精准调度，故障判断和预测性维护，提高能源利用效率和安全稳定运行水平。重点开发各类智能采集终端，并建设大数据平台，实现对于生产数据动态的全面掌握，并与传输、消费等环节紧密互动，支持需求侧响应。

三、支持可再生能源消纳和分布式能源接入能源网络

需要开发促进可再生能源消纳、分布式能源参与能源网络运行的技术，促进非化石能源和化石能源的协同发电，降低可再生能源、分布式能源对能源网络的冲击，提高能源系统的绿色、环保性。重点开发高灵活性电力系统、支持可再生能源灵活接入的高性能直流电网、交直流混合配电网、新型电力电子器件、储能技术、多能转化以及利用技术、智慧终端以及协同控制技术、支持新能源灵活友好接入的微网技术。

四、多能流生产协同的分析控制技术

需要开发多能流生产协同的分析控制技术，加强不同种能源生产之间的良性互动，基于多能协同控制系统在能源生产端实现多能耦合的优化生产。重点研究电—热—冷多能耦合系统的协同运行技术、多能转化技术，重点解决多能流建模和计算、多能流状态估计、多能流安全分析与安全控制、多能流优化调度和管理等技术问题，从而配合能源传输和消费网络的运行工作。

五、虚拟发电厂技术

需加大在能源网络通信设备、能源数据采集设施、能源生产消费调控设备等基础设施的建设和投入，支撑虚拟发电厂物理层面的建设。需支持对分布式能源预测、区域多能源系统综合优化控制、复杂系统分布式优化等方面的研究，支撑虚拟发电厂调控层面的建设。需为虚拟发电厂正常参与到多能源系统的能量市场、辅助服务市场、碳交易市场等创造宽松的环境，支撑虚拟发电厂市场层面的建设。在能源系统信息化、自动化程度较高，分布式能源较为丰富的地区，优先开展相应的试点工作，为虚拟发电厂的推广与应用提供示范。

第五节　能源网络智慧化的技术发展方向

一、透明电网 / 能源网

透明电网是指利用先进的“互联网 +”智慧能源技术，实现对源、网、荷、储、用全环节各类设备的信息监控和实时感知，使设备运转信息、电网运行信息和能源市场信息透明共享、平等获取，是互联网与能源网技术深度融合下智能电网的高级发展形态。具体而言，透明电网包括了以下 3 个方面的内涵：

（1）电网设备状态透明化

电网各类设备基于先进的传感技术与通信技术，具备对自身健康状态、环境状态等核心参数的在线感知能力，可实现电网的在线实时状态监测、态势感知、智能运维和状态检修等功能。

（2）电网运行状态透明化

以电网设备的全状态感知为数据基础，以互联网技术为信息纽带，可对电网传输能力、电能质量、安全性和可靠性等关键信息进行在线实时感知与信息监控，实现电网的在线安全风险评估、优化经济运行和智能决策调度。

（3）电网市场信息透明化

在用户市场侧，“互联网 +”智慧能源技术使得电网及其他能源网络透明化、数据化、价格化，电网的电力传输能力、质量、可靠性、电网输配电价格、各类电力市场及辅助服务价格、交易过程 / 结果实时发布等信息共享公开，源、网、储、荷等所有参与者可以自由选择、灵活交易。同时，电网市场信息的透明化有助于市场监管方及所有参与者对能源交易过程的实时监控。

在智能电网与能源网深度融合的背景下，“互联网 +”智慧能源技术逐渐成熟，将为透明电网带来广阔的应用前景。以电网设备与电网运行状态的透明化所产生海量的实时状态数据为基础，可实现电网运行调度决策的智能化，支撑发电设备广泛接入与精准发电预测，实现跨区域、大规模能源资源优化配置，科学分配需求侧负荷以及提取关键信息，实现状态估计与故障辨识。基于透明电网的实现，可培育“互联网 +”综合能源服务的新商业模式，如发展与“互联网打车平台”相似概念的分布式第三方运维服务，利用透明电网与互联网技术匹配闲置的运维服务资源，有效解决大量分布式能源网络场景下专业运维队伍缺乏与运营区域和电力资产分散的矛盾。此外，透明电网可适应各类可再生小微能源的接入，逐渐形成泛在能源网，打破时空限制，实现能源的随时随地接入与使用。更进一步，透明电网促进可再生能源为主体的能源结构的发展，能源生产边际成本趋零；分布式能源就近获取，输送边际成本趋零；多种能源网融合，能源转换边际成本趋零；用户逐渐成为产消者，能源消费边际成本趋零；互联网交易和共享促进能源交易和增值服务，能源交易边际成本趋零。最终发展成为零边际成本电网 / 能源网。

二、泛在信息能源网

物联网技术通过射频识别、红外感应器、全球定位系统、激光扫描器等信息传感设备，按照约定的协议将任何物品与互联网连接，进行信息交换和通信，以实现智能化识别、定位、追踪、监控和管理。类似于以区块链技术为核心的透明电网 / 能源网解决方案，对于智能小微能源网络内部，也需要基于信息的实时、有效分享，实现各接入单元的协同运行和最优控制，因此需要构建基于物联网技术的泛在信息能源网，支撑智能小微能源网络的高效运行。泛在信息能源网不仅提供了传感器的连接，其本身也具有智能处理的能力，能够对物体实施智能控制。泛在信息能源网将传感器与智能处理相结合，利用云计算、模式识别等各种智能技术，扩充其应用领域。从传感器获得的海量信息中分析、加工和处理出有意义的数据，以适应不同用户的不同需求。

泛在信息能源网是能源和信息深度融合的系统，网络中的所有接入设备，其二次部分类似于信息网络中的节点单元，具备存储设备特性参数和实时监测记录自身运行状态、运行参数的功能，并依据统一的规约协议，通过物联网在小微能源网络内部实现信息的充分共享和交互。泛在信息能源网对于接入设备而言，具有高度灵活的可接入性、可扩展性，以及信息分享的广泛性和安全性。

针对泛在信息能源网的特点，可以总结出其关键技术如下：

1）传感器技术。需要通过 RFID 等传感技术随时准确获取终端的信息。

2）数据传输。通过有线或无线网络实现终端的信息传输，实现“4A”化通信，即在任何时间（Anytime）、任何地点（Anywhere）、任何人（Anyone）、任何物（Anything）都能顺畅地通信。

3）嵌入系统技术。集计算机软硬件、集成电路技术等技术为一体，实现对接收到的信息进行分类处理，具有高性能、低功耗、对环境适应性强等特点。

三、基于互联网的能量管理技术

1. 先进量测技术

全面精确的态势感知是实现高效管理调度的基础。与传统电网环境下的能量管理系统相比，“互联网 +”智慧能源环境下的能量管理系统需要考虑的能源类型更多、可以检测的物理设备范围更广、粒度更细、频率更高，对“即插即用”要求更严。因此，需要在自动抄表技术（Automatic Meter Research，AMR）基础上，发展更加先进的智能感知技术、高级量测传感器、通信技术、传感网络系统以及相关标识技术，制定量测传递技术标准。除采用以上的侵入式检测方式外，也可采用基于统计模型、结构模型、模糊模型等模式识别方法，基于 George Hart 的稳态功率检测法，基于谐波特性的电流检测法等非侵入式检测方法识别负载特征、建立用户的用能行为模型，以低成本、小干扰的模式实现精确量测。建立多能计量，集数据存储、数据分析、信息交互为一体的能源互联网智能化监测平台。

2. 高可靠通信技术

智慧能源通信系统负责控制、监控、用户等多类型数据的高速、双向、可靠传输。基于互联网的能量管理系统对采用的分层递阶式架构通信系统提出了新的要求。同时，“互联网 +”智慧能源应用环境、成本、“即插即用”设备的动态变化等也会对通信技术的选取产生影响。因此，基于互联网的能量管理系统通信技术的选取，主要根据所传输的数据类型、通信节点数量、设备地理位置分布、能源局域网数量、各能源局域网运行目标以及智慧能源网总体运行目标等因素综合决定。覆盖区域上，智慧能源通信网络需要局域网、区域网、广域网 3 种网络支持，实现与数据中心、电力市场、调度中心等机构信息互联。相关的成熟协议有 Wi-Fi、Zigbee 协议、OpenHAN 协议。由于能源局域网间的能量共享一直处于动态变化中，多能源局域网间的能量协调对通信带宽、通信速率、通信可靠性的要求更高，部分能源局域网地处偏远无法实现单独建立通信网络，要求“互联网 +”智慧能源在充分利用现有通信基础设施的基础上，发展新一代通信技术。针对“互联网 +”智慧能源多种能源形式融合的特点，需要研究建立多能源网络信息通信交互接口与标准协议。此外，如何保障用户的隐私、降低用户数据泄露的风险，以及增强通信系统抗干扰、防非法入侵的能力，对未来“互联网 +”智慧能源的安全运行、保障用户隐私及经济利益具有重要意义。

3. 节点可调度能力预测技术

对各类能源局域网节点可调度能力的准确预测，是实现能源互联网能量优化管理与调度的基础。可调度能力预测一方面需要针对节点系统结构，建立部分因素之间的关系模型；另一方面，有必要结合历史实际发生的数据，通过基于大数据的机器学习，更新完善天气、发电、用电和可调度能力之间的关联关系模型，并综合聚合得到节点能量可调度能力的预测数据。

首先，将能源互联网系统按照电压等级划分为若干层次，根据地区、网络结构等因素划分为若干区域，从而将能源互联网当作由诸多节点及节点关系构成的网络化体系；然后，对节点内部能量的产生、消耗、存储能力进行建模，建立相邻节点间的能量交互规则，以描述节点间能量转移的信息流、能量流和控制流；其次，运用关联度分析、特征提取、聚类识别等方法建立节点可调度能力与影响因素（包括历史天气数据、历史产能数据、历史用能数据、历史调度执行数据等各类数据）之间的关联关系模型；最后，通过分析包括单位产能与费用、环保等指标的关系，同工况不同节点及同节点不同工况下可调度能力与成本的关系，构建节点可调度能力与成本的关系模型，从而能够在实际调度中迅速预测节点的实际可调度能力。

4. 基于模型预测控制的能量优化调度技术

在能源互联网环境下，传统的基于日前规划 + 实时调整校正的能量管理模式在安全性、经济性等方面难以满足能源互联网的需求，而能够较好融合预测模型，具有滚动优化与反馈校正功能的模型预测控制方法更能适应。在每一个采样周期内，模型预测控制方法以有限时域内的基于系统实际状态的滚动优化代替传统的开环优化思路，并通过场景生成与消减技术进一步降低预测误差对调度结果的影响。

当能源互联网中可再生能源出力渗透率非常高时，为最大限度降低可再生能源出力随机性、不确定性对能源互联网安全运行的影响，有必要采用基于随机性模型预测控制的优化调度或基于鲁棒模型预测控制的优化调度方法。基于随机性模型预测控制的优化调度方法，既能够较大程度降低预测不确定性对能源互联网运行的影响，又具有较好的经济性。同时，由于基于机会约束规划的模型预测控制方法与标准模型控制方法类似，因而在能源互联网环境下，主要考虑基于场景的模型预测控制方法。

第六节　能源消费智慧化的技术发展方向

一、基于互联网的能源交易

当前能源市场化定价机制尚未完全形成，发电企业和用户之间的市场交易有限，因此《国务院关于积极推进“互联网+”行动的指导意见》提出要“开展绿色电力交易服务区域试点”，使能源供应方和需求方可在能源交易服务平台进行交易，用户根据自身用能需求选择供应方直接购电，协定购电量和购电价格。在此过程中，智能电网作为配送平台，电子商务作为交易平台，可同时结合碳交易市场于一体，实现能源实时配送和补贴结算。供需双方通过能源交易服务平台，实时发布能源供应和消费信息，实现能源供给侧与需求侧数据对接，形成开放化竞争性市场，推进能源生产和消费协调匹配，极大提高能源配置效率。例如，德国部分地区消费者能够将多余的能源在交易平台上出售，用户从消费者变为既是生产者又是消费者，目前已有15%的电能交易是在电力交易平台上完成的。

电能进行自由、公平、公开的交易是能源互联网的重要目标之一，能源路由器的主回路负责电能按照预定计划流通，而应用层的购/售电模块完成电能交易。基于互联网的一次电能交易过程如下：

假设能源路由器A连接有本地负荷和本地分布式可再生能源。A中的功率预测模块对本地分布式可再生能源和负荷在未来一段时间内的功率进行预测，假定本地发电量不足以满足本地负荷需求，能量缺额预计为E，这部分能量需要A从能源互联网获取。

第一步：A向能源互联网中其他能源路由器发出广播，广播的信息至少包括A的标识符及所在位置、电能需求及时间段。

第二步：能源互联网中其他能源路由器收到A发出的广播，根据自身情况，对A做出反应，例如有B、C两个能源路由器能够满足或部分满足A在该时间段内的能量需求，B、C选择好路由，经核算，B、C认为自身的发电成本和路由成本（与距离相关）较低，对A报价有吸引力，因此，B、C分别做出响应，响应信息包括能够提供的电能及报价。网络中其他能源路由器若认为路程太远。或自身发电成本过高，或不具备提供电能的能力，则不对A做出响应。

第三步：A收到B或C的回应信息，按照价格从低到高排序，选择最低价成交，若最低价的电能不能满足要求，则选择次低价继续成交，直至满足A的电能需求为止。A选择好一个或多个成交对象，向成交对象发出确认信息。

第四步：A选定的成交对象收到A的确认信息后，在确认信息中加上自己的签章返回给A。至此，交易的第一部分已经完成，即达成了电能的买卖协议，第二部分就是到时间后履行协议。

第五步：到约定时刻后，A与达成协议的能源路由器按照预先设定好的路由建立逻辑连接，A从网络中吸收功率，成交的路由器同时放出相同的功率，路由产生的损耗由各级路由器自行补齐，卖方向其支付一定路由费用。

第六步：能量传输完毕，协议履行结束，计量采用第三方经过认证的计量表计和系统，买方向卖方支付协议款项，经双方确认后解除协议，断开逻辑连接。

至此，一次完整的电能交易完成。从上述交易过程可以看出，电能交易是建立在自愿的原则上，交易是公开、公平、公正的，自动实现了买家购电成本最小化，卖家售电效益最大化，同时促进了分布式电源的就地、就近消纳。

二、基于互联网的用能设施的推广

1. 智能家电

为满足电力峰荷需求，需要大量备用电能，这将造成非峰荷时段资源的浪费。智能用电双向交互技术可指导用户合理用电，有效调节电网负荷峰谷差，从而提高电能利用率及电网运行效率。

为改善电网负荷曲线，传统的需求响应（DR）主要针对工商业等大型电力用户展开，针对居民用户主要采用拉闸限电的调峰策略，用电方式较为被动。在智能电网环境下，智能终端设备的接入、电力通信技术的发展以及高级量测架构的建设，促进了智能用电双向交互技术的发展，双向交互为居民参与自动DR和实现智能用电提供了技术基础。智能用电双向交互技术充分考虑了居民用电的自主性和差异性特征，可为用户提供智能化、多样化、便利化服务，同时又可实现电力公司对居民用电的有效管理与控制。居民用户中智能可控负荷比例的不断增加，为采用新型负荷控制手段主动响应电网需求提供了可能。

居民用电时间及专业知识的限制对其参与DR造成了不便，智能家电管理（HAM）控制方案可实现DR自动控制，同时尽量不影响居民正常生活。

系统采用基于智能电网的通信技术，小区电力控制中心与电网控制中心间都可进行双向通信。

智能家电控制器位于被控家电端，包括数据采集处理模块、控制模块及通信模块，其功能如下：

1）数据采集及处理。实时采集被控家电运行状态信息，并进行数据处理。

2）控制功能。针对不同的家电实现通／断电控制。

3）通信功能。可与控制主机进行双向通信：一方面，将实时采集的家电状态数据传送至控制主机；另一方面，可接收控制主机下发的各项家电控制命令。

为实现电网削峰填谷或其他负荷控制目的，小区电力控制中心接收电网控制中心命令，并根据不同用户用电特性向用户控制主机下发DR命令：控制主机接收到DR信号后，对比分析实时家电数据，当总用电功率高于DR用电要求时，执行算法做出负荷控制决策。此外，用户可通过控制主机的人机交互界面，预先对被控家电进行负荷需求设定，提高用户参与DR的主动性。

2. 虚拟调峰电站

仅靠单一增加发电规模的传统方式无法满足人们对电力与日俱增的需求，必须调动负荷资源参与电网调峰，才能有效缓解电力供需矛盾。从广义上说，需求侧可互动的资源很多，例如各类照明、空调、电动机等负荷，各类蓄冷、蓄热、蓄电等储能设备，以及分布式电源、电动汽车等能源替换设备等。通过调动这些负荷资源参与调峰，可起到实际调峰电厂的作用。引导用户参与调峰需要配合基于电价或激励政策。同时，还需对参与的负荷进行组合控制，最大限度利用负荷的调峰潜力。

虚拟电厂的运行流程包括启动、执行和评价 3 个阶段。虚拟调峰启动阶段的主要任务是开展用户调研和用户筛选，用户参与虚拟调峰方式确定以及与用户签署参与虚拟调峰相关的协议。在启动阶段，对于用户调控方式的确定和调控潜力的评估是项目实施的技术关键点。

虚拟调峰执行阶段分为省级和地市两级执行。省级完成的任务是接收负荷调度指令，确定调峰需求和目标，开展地市调峰能力预测，向各个地市分解调峰负荷；地市完成的任务是接收省级下发的调峰负荷，进行各个楼宇调峰能力预测，向每个用户分解调峰负荷，最终完成通知信息和指令下发。在执行阶段，确定基本负荷容量和调节负荷容量是项目实施的技术关键点。

虚拟调峰评价阶段的主要任务是实时监测用户调峰的执行状况、进行调峰效果评估和统计，最终进行调峰效益模拟计算。

三、基于互联网的能源领域商业新模式

充分应用互联网思维，将当下互联网环境下实施的较为成功的商业模式与能源互联网平台有机结合，可拓展出种类丰富的新型商业模式。

（1）集中式整体平衡，渐进式自适应能效分摊机制

对区域能源互联网的运营效益进行综合评价，并与主网、其余区域互联网的综合运营效益进行对标。对标结果将反映为价格落差由区域能源互联网内的参与主体分摊，从而改变各主体的参与成本和收益，进而产生激励效果。在示范区内部，对各主体也进行相应的考核与激励，从而确定价格落差具体分配标准。

构建基于大数据的能源互联网区域集中多能调度服务平台。

示范区能量流、信息流和价值流结合的实现主要依托于能源互联网区域集中多能调度服务平台（简称多能平台）的实现。多能平台的核心功能是在满足用户用能需求的条件下实现能源互联网的能效最大化。基于大数据和云计算原理，多能平台应实现以下关键技术：能源替代效益测算，市场主体分类标杆能效和各主体实际能效测算，用户分类用能情况测算，用户用能边际效益测算，用户用能中断边际损失测算。在实

际建设中，可先根据周边地区和本地区历史数据得出理论标杆值。在运行过程中，不断收集、分析数据并对标杆值进行修正，最后逐渐逼近真实值、适应实际的能源供需环境。多能平台可实现示范区市场机制的渐进成熟和自适应。

（2）分散式微平衡的商业模式

分散式微平衡的商业模式将成为未来能源互联网商业模式的主体。

1）能源自供。在推广分布式发电和分布式储能的基础上，各类用户可自己满足用能需求。若有盈余，则可就地进行分布式能源节点的排布。比如在商业中心楼宇配置风光互补发电系统，而在附近安装有该中心供能的电动汽车充电桩等。

2）能源代工。由中间商统一采集各类用户的能源需求并统一受理、报价。中间商与若干能源提供商建立代工关系，由后者代工生产相应的能源，并提供给用户。

3）能源团购。类似于现有的网络团购。用户以团购的方式聚集购买力，以提升用户在市场博弈中的地位；同时为能源提供商提供了大宗销售的平台，便于其进行统一管控。适用于分散但总量可观的城乡个体用户群，有利于节约双侧成本。

4）能源救援。为应对突发的用能中断状况，用户联系能源救援公司，由公司就近指派能源救援服务站为用户提供应急的能源供应。能源救援公司根据具体情况收取能源使用的费用和佣金。该模式适用于各种类型的用户，和电动汽车市场有较好的耦合度。

5）能源期货。以标准形式确定能源交易期货规格，新兴的能源供应商可借由较低的期货价格吸引用户，从而实现融资的目的。

6）能源担保。在大中规模用户与能源提供商交易时，由中间商对供需双方进行担保，提高交易效率以加快资金流转速度。

7）能源桶装。对能源服务进行规范化和标准化，具体可包括标准化储能设备、标准化供能曲线、供能格式合同等。该模式适用于中小规模的城乡用户，可使用户更便捷多元地塑造自我能源消费结构。

8）滴滴能源。为不同种类的能耗用户提供个性化的点对点能源服务。能耗用户可将自己的用能需求信息发布到系统平台上，附近的能源供应商在看见用户发布的信息之后可选择进行匹配或忽略。匹配确认后双方可进行进一步协商和交易。该模式适用于各种类型的用户，且随着能源互联网技术的发展，支持的用户需求种类将不断拓展。

9）能源 Wi-Fi。随着未来无线充电等技术的进一步发展和普及，对用户提供大范围无线充能服务成为可能。用户连接无线充能热点后对用能设备进行充电，充电完成后使用绑定的账号进行付费。无线热点主要覆盖商业楼宇和居民用户。

10）能源定制 4.0。基于生产的高度自动化，为用户量身定制能源产品和服务搭配方案。该模式覆盖的范围将随着技术革新逐步扩展，最终实现覆盖所有种类的用户单元。

11）能源点评。开发专门的能源领域点评软件，允许各类用户和能源服务类公司进行双向点评。该模式类似于现有的“大众点评”。有利于交易信息的公开化，可与其他商业模式进行耦合，并有利于提高其效率和信用。

12）淘能源。类似于现有的各类网络购物网站。构建网络交易平台，使各类能源服务公司都能够在平台上开网店，出售各类产品和服务供用户选择。该模式广泛适用于各类商业主体，提供了大型的网络能源交易平台。

13）能耗顾问。成立能耗顾问公司，为用户提供信息分析和顾问服务，指导用户进行用能规划。

14）能源托管。在能耗顾问的基础上发展出类似于能源管理公司（Energy Management Company，EMCo）的能源托管公司。用户可将自己在一段时间内的用能委托给能源托管公司，利用其更专业的算法、更全面的数据和特殊的能源来源渠道对该时段的用能需求进行全程规划安排。在满足用户用能要求的基础上，节约下的用能花费作为收入由用户和能源托管公司分配。该模式适用于城乡小用户，可在节省用户时间成本同时提升节能减排效果。

15）能源众筹。能源投资者在资金不足的情况下，可以通过能源众筹平台来筹资，多方联合进行投资。适用于小规模投资主体，有利于新平台、新技术的发掘。

16）能源借贷。类似于现有的商业银行贷款。成立能源借贷公司，用户基于自身需要签订能源借贷合同。该模式可用于多种负荷类型和规模的用户，尤其适用于工程单位，可为其解决能源规划问题和提供项目期能源支持。

第五章　我国智能电网与能源网融合的技术

当前我国能源和电力面临发展转型的新阶段，与能源的转型相配合，电网发展总体上将是朝向国家骨干输电网与地方输配电网、微网相结合的模式发展，既能适应水能、风能、太阳能发电等大规模可再生能源电力以及清洁煤电、核电等集中发电基地的电力输送、优化和间歇性功率相互补偿的需要，也能适应对分布式能源电力开放，并逐步与能源网进行融合，促进智能电网与能源网的协同发展、提高可再生能源利用效率、终端能源利用效率的需求并还原能源商品属性。

第一节　我国能源体系分析

我国国民经济和能源电力发展面临严峻形势。2016 年，我国碳排放占全球总量的 27.95%，高居世界第一位。化石燃料污染造成的雾霾现象严重，急需大规模、高比例开发利用可再生能源。截至 2017 年上半年，我国风能、太阳能发电并网装机容量达到 2.56 亿 kW，但发电量仅约占总量的 5%。我国总体能源利用效率低下，综合能源效率不足，2016 年单位能耗是世界平均水平的 1.23 倍，仍需大幅提高能源综合利用效率，减少能源消耗的总量。

电网承受波动性可再生能源电力的能力受限，电网对大规模、高比例风电等可再生能源的消纳仍然未找到经济有效的解决途径，需要寻求综合的解决方案。

未来，我国的电力需求仍将快速增长。从发展阶段看，我国还处于工业化中后期、城镇化快速推进期。尽管目前我国经济发展已进入新常态，电力消费弹性系数近年来有所下降，然而随着能源结构不断向着清洁化、绿色化调整和优化，电力在终端能源消费中的比重将不断提高，电力需求仍将保持中高速增长。我国人均用电水平还处于低位，与发达国家存在较大差距，2010 年中国人均用电量为 3140kW · h，2015 年为 4318kW·h，相当于美国 20 世纪 60 年代水平。可以预见，伴随终端消费电力比重上升，在未来较长一段时期内，我国人均用电量水平将保持较快增长，预计 2020 年人均用电量将达到 5000kW · h，或更高水平。

另一方面，计算机网络技术作为新生代的科技产物，代表着新媒介技术的产生、发展和普及，正在引导着整个社会发生变化。在过去的几年中，互联网已经给人类的交往方式、思维逻辑、社会结构造成了不可逆转的、翻天覆地的变化。互联网发展至目前，在性能与安全性两方面有了革新性的突破。性能提高表现为两方面，其一是数据传输的高速化。高速通道技术的应用，能够有效地、大幅度地提高互联网的传送速度，以此达到更快的资源流通的目的。其二是得益于芯片技术的发展，信息处理速度大幅提升，对输入的信息有更快的响应，能够处理的信息量大幅提升。同时，新的防御系统、加密技术的提出，以及存储设备稳定性的提高，使得互联网中信息及数据的安全性得到了极大的提高。将互联网技术应用于电力系统，发挥互联网技术的优势，是我国能源系统未来的发展方向。

第二节 能源利用体系的演变

随着人们节能减排意识的不断增强、新能源开发技术的不断成熟以及能源市场化成熟度的不断加强，未来能源利用体系的形态将不断演变。总的来看，演变趋势为生产端将不断提升可再生能源占比；消费端将逐步形成以电动汽车、多能互补、产消一体为主的模式：能源交易市场将不断放开，最终实现自主交易。

一、2020 年能源利用体系的特点

（1）生产侧

到 2020 年，能源生产以化石能源为主但比重不断下降，且化石能源的开发以集中式转换利用为主，用以提高能源利用效率及减少污染物的排放；同时，可再生能源迅速发展，利用方式以发电为主，集中开发和分布式消纳并重。

（2）消费侧

消费端不断提高电动汽车等灵活性资源的比重，2020 年实现电能替代其他能源消费 20010 以上，并借助于多能互补技术的进步提高终端能源利用效率。

（3）市场侧

能源交易方面将逐步实现市场化，到 2020 年，能源交易以单向交易为主，即由大的能源供应商直供用户，或者由售能公司向用户卖能。各种二次能源之间交互交易的市场仍未放开，即各种二次能源单向运转，售电市场有限开放。

二、2030 年能源利用体系的特点

（1）生产侧

到 2030 年，能源生产中化石能源比例明显下降，可再生能源成为主力能源之一。

并且，可再生能源的生产将呈现多形态，除了可再生能源发电之外，可再生能源产热、可再生能源制氢将得到发展，可再生能源分布式生产的比例大增。

（2）消费侧

到 2030 年，在能源消费侧，电动汽车将成为城市的主流，并且多能互补的应用普遍，大型商业广场、写字楼、医院、居民建筑楼宇等，将广泛应用 CCHP 冷热电三联产等实现能源的综合利用。能源产消者广泛形成，能源消费和生产多元化、共享化。

（3）市场侧

到 2030 年，能源市场成熟度进一步提升，互联网渗透程度亦进一步提高。多能流互补互动，不同能源的供应商将进行不同能源之间的交易，实现彼此能源的互补。售能市场开放程度加大，不同能源供应商将在交易平台上进行适度竞争。

三、2050 年能源利用体系的特点

（1）生产侧

2050 年，能源利用结构将发生大的转变，可再生能源成为能源生产主力，占比将超过 50%。小微能源普遍发展，能源获取渠道广泛，人们可借助于小微能源实现自身部分能源需求，比如移动设备耗电等。

（2）消费侧

能源消费无处不在，能源产消一体化，自消费模式广泛存在。

（3）市场侧

能源交易完成实现市场化，并且能源系统互联网高度渗透。能源生产商，产消者、用户等将通过互联网化的能源交易平台实现能源自由交易。利用移动终端实现能源交易的实时交易。

第三节　智能电网与能源网融合定位及形态的转变

未来能源利用体系在生产、消费、交易方面将不断变革，整个能源传输网络（智能电网、能源网）的定位及形态亦将有所转变，整体趋势将逐渐提升电网与能源网的融合程度。

一、2020 年智能电网、能源网的定位及形态

实现跨区域大规模资源配置，包括集中式化石能源、大型风电生产基地等。

高比例消纳可再生能源，减少弃水、弃风、弃光现象，可再生能源消纳集中与分

布式并重。

提升输电能力和安全稳定水平，实现高度自动化和智能辅助决策，提高电网可靠性，避免大面积停电。

基于此定位，智能电网与能源网融合的形态特征呈现以智能电网为主体的能源供应系统，并实现能源系统的自动化和智能化。

二、2030 年智能电网、能源网的定位及形态

跨区域大规模资源的优化配置。

力求全额消纳可再生能源，智能电网与能源网互补互济，并服从能源就近供给。

智能电网、能源网运行高度智能化，运行状态透明化。

基于此定位，智能电网与能源网融合的形态特征将是智能电网与能源网并存，多种能源互联互通并同时为用户所选择使用，智能电网和能源网高度智能化、透明化。

三、2050 年智能电网、能源网的定位及形态

优先支持可再生能源电力传输。

趋零边际成本输送电力和能源。

高智能、深优化、高可靠性的获取能源。

基于此定位，智能电网与能源网融合的形态特征将是智能电网与能源网高度融合，形成趋零边际能源输送成本电网 / 能源网。整个能源网络泛在化。

第四节　智能电网与能源网融合的关键技术

面向 2020 年，以当前重大需求为牵引，开展一批智能电网、能源网及其融合的创新性技术研究。

（1）提升远距离输电能力技术

以提升未来远距离输电能力、实现跨区域大规模资源配置为目标，开展相关关键技术研究和试点示范。重点研究特高压交流输电技术、超导限流技术、交直流大电网系统保护与控制技术。

（2）提升新能源高比例消纳技术

以高比例消纳可再生能源，减少弃水、弃风、弃光为目标，开展相关关键技术研究和试点示范。重点研究柔性直流输电技术、超导储能技术与主动配电网技术。

（3）提升大电网自动化、智能化技术

以提升大电网自动化、智能化水平，高可靠性避免大面积停电为目标，开展相关关键技术的研究和试点示范。重点研究高比例可再生能源的大电网优化调度运行技术、气象及能源大数据综合利用技术、大电网实时风险评估与状态检修技术。

面向 2030 年，研究和发展若干有一定前瞻性和重大影响的技术。

（1）高效能源转换技术

为适应智能电网与能源网融合所发展起来的多能流耦合场景，高效能源转换技术成为多能流耦合的核心装备。重点研究电制氢技术、高效燃气轮机技术、能源路由器（固态变压器）技术、直流断路器与直流电网技术。

（2）大容量高效储能技术

为适应新能源不断渗透的场景，支持可再生能源全额消纳，大容量高效储能技术成为关键。重点研究石墨烯电池储能技术，基于软件定义的网络化电池管理技术。

（3）透明电网／能源网技术

智能电网、能源网状态的高度透明化和高度智能化成为趋势。技术重点为互联网化的芯片级传感器技术，能源一二次系统融合的智能装备。

面向 2050 年，攻关具有革命性、颠覆性的核心技术，建设适应革命性的能源网络系统，适应可再生能源占主导位置（占比 90% 及以上）的网络系统研究和发展若干有重大影响的技术。

（1）基于功能性材料的智能装备

重点攻关基于功能性材料的开关断路器，具有生物自愈特性的智能一次设备，基于功能性材料的传感器。

（2）基于生物结构拓扑的电力电子与储能装备

重点攻关物理串并联约束的新型拓扑的电力电子与储能装备，适于互联网化的、可软件定义的能量管理系统。

（3）泛在网络与虚拟现实技术

重点攻关无线输电、取能技术；信息网络和能源网络共享技术，构建泛在信息能源网；能源管理的虚拟现实技术。

智能电网与能源网的融合顺应了我国能源转型发展的大趋势，对推动我国能源革命，实现能源转型意义重大。本章分析了我国 2020 年、2030 年以及 2050 年能源利用体系的特点，并提出了各时期智能电网与能源网融合的形态演变及关键技术。开始涌现时期（2020 年），智能电网与能源网融合呈现以智能电网为主体的自动化、智能化的能源供应系统，关键技术包括远距离输电能力技术、新能源高比例消纳技术和大电网自动化、智能化技术；大力发展时期（2030 年），智能电网与能源网并存，多种能源互通互联，智能电网、能源网高度智能化、透明化，关键技术包括高效能源转换技术、大容量高效储能技术和透明电网 / 能源网技术；深度融合时期（2050 年），智能电网与能源网高度融合，形成泛在化的能源网络，关键技术包括基于功能性材料的智能装备、基于生物结构拓扑的电力电子与储能装备和泛在网络与虚拟现实技术。

第六章 “互联网 +”模式在智能电网中的实践

智能电网的核心是城市智能配电网，智能配电网可以全面监测和感知城市能源供需情况、能耗指标，从而做到合理调配和使用电、油、气以及光伏、风电等资源，实现均衡能源供给、提高能源利用效率、减少排放，促进城市绿色发展，保证城市用电安全可靠，丰富城市服务内涵。

能源互联网的研究和建设首先是从配用电端开始的，因此智能配电网的发展前景是能源互联网。未来，自愈和互动将是电网智能化的标志。那时，大规模分布式发电将并入电网；分布式电源与微电网也将被大规模应用。这就要求智能配电网通过分散式智能协调，实现微网的自愈、自治和自组织，使分布式发电通过微网完全整合到智能电网中运行。这将成为配网的工作模式之一，最终将实现大规模商业化和市场化运行，形成全新业务模式。

第一节 “互联网 +”电网管理

“互联网 +”战略在今年两会期间成为热点话题，实际上在制造业也有很多产业在原业内龙头与互联网企业的推动下，正在迅速地走向智能化，在能源互联网的推动下，智能用电将得到普及，电力将实现智能化应用。未来的电力客户，包括个人客户、工业客户等，与电网的关系将是互动关系。一方面，客户与电网之间的积极互动对提高用电能效非常有帮助，对电网的能效平衡也起到关键的作用；另一方面，客户的生活方式和生活品质将得到改变和提高。随着智能用电的推广，手机作为客户终端也成为智能用电的工具，可以实现能效分析、用电查询、电费交纳、家电控制、与电网互动等功能。随着数以亿计客户的绑定关注，电力客户服务端将产生其他附加价值。

一、电力云成为电网管理的关键

云安全终端系统，简称云终端，是传统个人电脑的换代产品，采用先进的云计算技术，桌面上的瘦终端超越了传统个人电脑主机在网络可达的范围，可实现在任何时间、任何地点、任何终端设备都可访问用户自己的桌面系统和文件。未来，随着电力移动终端应用的明显增长，云安全终端系统将是大势所趋。

云计算是近年来兴起的一种计算模式，对应用而言，具有近乎无限的可用计算资源以及短时内按需获取或释放计算资源等特点。云计算可以整合大规模异构性计算资源，易于动态扩展，可用来解决目前电网信息系统存在的问题，应对未来智能化电力系统需求面临的挑战。但由于云计算本身仍然处于发展完善阶段，其架构可以建立在多种技术之上，且目前缺乏统一的云计算构建框架，因此，针对国家电网本身的业务特点及对智能电网的具体需求，本文分析并归纳了构建适合国家电网信息系统本身特点和智能化要求的指导性电力云计算架构，详细分析了电力云计算架构实现的关键问题，为国家电网信息系统的科学化演进与发展提供参考和依据。

云计算是国家发展战略的重点，同时也是技术革新的重要平台和受益者。随着全国电力系统互联的发展，现代电力系统正在演变成一个积聚大量数据和信息的计算系统。同时，智能化已经成为电力系统的发展趋势。智能电网具有很强的自愈性，能有效支持大规模的间歇性可再生能源和分布式电源的接入，保证供电的可靠性和电能质量，促进电力市场的公平和有效运行以及用户的参与等。

目前，国家电网信息系统所采用的独占式的两级部署方式没有充分利用现有的计算和存储资源，可扩展性较差，升级成本非常高，灵活性较低，给运维和容灾都带来较大压力。这些缺点目前还并不明显，因为电网现有的数据采集与监控（SCADA）系统在采集数据时一般止于变电站级别，且数据采样频率较低。但以当前的电网信息系统架构应对智能化趋势所带来的挑战，上述缺点就会凸显并严重阻碍电网智能化的发展。

现有信息集成平台难以实现未来的智能电网。首先，不仅 SCADA 系统的采样频率需要明显提高，电力系统数据采集的范围也将扩大，相量测量单元（PMU）、智能电表甚至各种智能家电的嵌入式系统都可能向调度中心提供大量的实时系统信息，现有架构下较差的可扩展性和较高的升级维护成本使得电力信息系统很难廉价快速地为这些海量信息的存储和处理提供保障。其次，智能电网为保证大规模的间歇性可再生能源和分布式电源的接入，促进规模庞大的用户参与，电网信息系统应该具备高度的灵活性以尽快完成各种级别和各类用户应用，并尽可能提高系统的资源利用率，避免因累计效应引起的资源过度浪费。

基于“SG186 工程”成果，面向未来具有自愈性、兼容性、交互性和协调性高效优质的智能电网，国家电网公司提出了开展公司总部、网省公司和直属单位的智能决策与业务集成应用建设，实现全面的信息资源共享和业务应用集成，支撑各级业务决策与纵向管控要求，深度挖掘业务协同价值，充分发挥自身优势，支撑公司集团化运作、集约化发展的建设目标。

当前，国家电网正筹划结合应用级容灾中心建设，统一管控信息系统技术架构并实现标准化，适时启动国家电网公司云计算平台建设，利用云计算具有的资源抽象、弹性伸缩、快速部署的特性，实现公司动态的IT基础架构，打破数据中心、服务器、存储、网络、数据和应用的物理设备障碍，集中管理和动态使用物理资源及虚拟资源，提高资源利用率，降低运行成本，提升系统灵活性，提高服务水平。此外，对于经过综合评估分析因业务管理模式的特殊要求或信息技术无法支撑全公司集中的业务应用，在保障满足业务需求的前提下，合理应用云计算等信息技术，逐步实现信息资源的集中管理和统一调配，提升信息资源的集约化管理水平。

为应对智能电网中电力系统数据的快速增长、可再生能源和分布式电源的接入、庞大的用户参与等挑战，实现国家电网智能决策与业务集成应用和应用级容灾中心建设，电网信息系统需要一个动态可扩展、具备海量信息并发处理能力的计算平台。

由于电网信息系统中的应用繁多，基础平台的操作系统也必然存在多样化的问题，Linux和Windows等多种不同的操作系统都在其中发挥作用，因此即使应用Xen虚拟机技术，也必须将全虚拟化作为要求之一。由于海量信息存储、处理、快速部署、迁移及容灾的需求，存储应采用虚拟资源管理平台，主要负责向用户提供动态可扩展的虚拟资源，对电力云而言，就是要为电网信息系统提供最基本的虚拟化计算、存储及网络资源。这里使用的主要是虚拟化技术。

虚拟机也应该建立在其上。由于国家电网业务量巨大，资源管理压力非常繁重，因此采用资源管理两级管理方式，即通过超级管理节点执行电网信息系统的全局策略，控制各个域的管理节点，各个域的管理节点负责本域内的所有业务节点的资源调度，所有业务节点的虚拟机镜像存放在NFS服务器上。

云计算应用于智能电网将成为推动智能电网发展的重要技术，有助于解决电网中信息资源统一管理和调度问题。针对现有国家电网信息平台在升级成本、扩展性、灵活性等方面的缺陷，未来智能电网需要并发处理海量数据，我们利用虚拟化架构整合优化大规模异构信息和资源，采用NFS分布式存储架构存储和管理海量数据，从而提高了电网中异构计算的资源利用率，降低了电网系统信息化成本，为海量数据存储并发处理提供动态可扩展的计算平台。

二、电力移动终端应用广泛

电力移动终端可直接面向电力营销服务、客户用能服务、电力安全巡检外勤作业终端等方面。此外，可信融合通信等业务体系也将普遍应用电力移动终端。

目前，电力通信、电信运营及移动互联技术的统一可信通信APP——“来电”已成功应用。它可提供即时消息、语音通话、视频通话和多媒体会议等服务，可提高电力通信安全性和沟通效率，降低通信成本约20%，并解决跨地域通信难等问题，实现“需求导向、事件驱动、五级联动、全员协同、透明互动”的新型移动互联网工作模式。

三、互联网贯穿电力各个环节

这方面现在已经有所体现了，比如电力装备智能化，现在很多电力装备都已经进行了智能化改造，就是在原有基础上加一些可通信设备。此外，电网可视化和运行、运维网络化也将在不久的将来实现。

互联网与电网融合产生的电网对于整个国民经济发展非常重要，由于电网的特殊性，互联网与电网融合将产生电网独特的安全特点。电网未来会建一张自己的无线专网，通过通信的全覆盖和运营商的合作，在线上支持各种应用。

未来，“互联网＋电力服务”会催生新的服务模式，电力服务模式将产生明显变化，移动互联网服务的方式会得到普及，客户与电网双向互动将变为现实。随之而来的是，电网发展理念将发生变革，一方面，电能替代和绿色替代这两个替代将成为能源发展的主流，电能替代主要是指“以电代煤，以电代油，电从远方来，来的是清洁电”，绿色替代就是大幅增长的水能、风能、太阳能等清洁能源将替代火电。另一方面，需求侧管理也将更加科学合理，分布式能源并网容量的增多会加大用电客户与电网之间的互动需求，而智能用电、移动终端等的广泛应用也将促进电网与用电客户间的互动，便于电网侧做出合理的调度判断，使得用电需求相应更加科学合理。

四、电网互联催生新兴业态

通过电网的智能调度和优化管理，传统电力行业的变局或将发生。目前，电力的供给端是少数大型供电企业，用户端主要是工业用户和居民用户，从发电到用电是一种自上而下的、单向的过程。但未来在智能电网时代中，这种单向的过程将在一定程度上被打破。

比如一个社区安装了分布式光伏发电系统，就可以自行利用太阳能储电和发电，以供社区内的家庭用户使用，相当于一个微型电网；甚至在供电比较富余的情况下，这个社区的部分电能还可以供给附近的用户使用，或是回馈到城市的大电网中。

如今在电力市场中，由于技术问题造成的信息不对称，用电方的实际需求无法实时传达给供电方，因此供电企业每一阶段的供电量是按照计划定好的，电价也随之固定。

但在未来，随着国家电力改革的逐步推进，“市场决定电价”或将成为现实。以后随着智能电网相关技术的突破，可能会诞生一个统一的电力交易平台，就像大卖场一样。供电方和用电方的信息将在这个平台上实时交互、充分流动。

建立在这种供需信息实时透明、供需关系更加公平的基础上，小型供电方（比如利用光伏发电的微型电网）可以在交易平台上“卖电”给大电网；大型供电企业则与发电方分离，成为服务公司，向发电方“买电”后再供给用户。电价因供求变化而变化，用电方也可据此调整自己的用电负荷，优化用电成本，推动资源节约。

“互联网 + 电力营销”应该是电力系统未来运营主要模式。其中，发电厂家相当于产品的生产者，电网公司相当于“代收货款及快递费的高速公路或快递公司”，用户为消费者。

那么如何实现这一愿景？一个重点是推动电力行业加入“互联网 +”计划。形象地说，智能电网可以看作是“以云计算、物联网和大数据等为代表的新一代信息技术 + 传统电力行业”的产物，届时电网各个环节的设备都可以连接到互联网平台上，供需信息实时透明的基础也就得以建立。

不仅如此，实现互联互通后的电网将更加智能、安全。这种智能化可以归纳为三步。

第一步是监测，管理中枢可以实时监测到发电、输电、配电网环节所有设备的数据，观察电网运行状态；第二步是传输，所有数据可以通过互联网实时传输到管理中枢；第三步是预测，管理中枢通过大数据分析和挖掘，甚至可以预测哪里会出现安全隐患、哪里会存在高负荷，并在故障发生前更换相关设备，这将大大提高电网运行的可靠性和安全性。

五、互联网结合智能电网

历史上数次重大的经济革命都是在新的通信技术和新的能源结合之际出现的。互联网技术和可再生能源将结合起来，为第三次工业革命创造强大的基础，智能电网便是其中的重要成果之一。

如果说第一次工业革命造就了密集的城市核心区、经济公寓、街区、摩天大楼、拔地而起的工厂，第二次工业革命催生了城郊大片地产以及工业区繁荣的话，那么，第三次工业革命则会将每一个现存的大楼转变成一个两用的住所—住房和微型发电厂。

IBM 公司、思科系统、西门子以及通用公司都跃跃欲试，期望把智能电网变成能够运输电力的新型高速公路。由此，电力输送网络将会转变成信息能源网络，使得数以百万计自助生产能源的人们能够通过对等网络的方式分享彼此的剩余能源。这种智能型能源网络将与人们的日常生活息息相关。家庭、办公室、工厂、交通工具以及物流等无时无刻不相互影响，分享信息资源。智能公用网络系统还与天气的变化相关联，使得电流以及室内温度会随着天气状况的改变和用户的需要而改变。此外，这种智能网络还能够根据家用电器用电量的多少来进行自我调节，如果整个电路达到峰值，软件就会进行相应的调节以避免出现电网超负荷的情况。举个例子，为节能省电，洗衣机每到一定的负荷量便会跳过一次清洗周期。

智能电网是新兴经济的支柱。正如互联网创造了数以百计的商业机会和数百万的就业机会，智能电网会带来同样的辉煌。虽然有一些家庭已经接入互联网，但是还有一些没有接入网络。由于每个家庭都连接了电网，因此所有家庭都有可能通过电网连接起来。

第二代信息技术改变了以往影响经济的因素，从分布集中的传统化石燃料以及铀能源向分散式的新型可再生能源转移。如今，人类已掌握了一种先进的软件技术，能够帮助相应的企业与成千上万甚至上百万的小型台式电脑相连接。一旦成功连接，这种扁平化技术的威力将大大超越世界上最大的集成式超级电脑。

与之相似，互联网式电网已经应用到一些地区，改变了传统输电网的模式。当数以百万计的建筑实时收集可再生能源，以氢的形式储存剩余能源，并通过智能互联电网将电力与其他几百万人共享，由此产生的电力使集中式核电与火电站都相形见绌。

荷兰电工材料协会曾为电网智能化联盟（一个由美国信息技术、能源、公共事业企业、学界、风险投资者组成的智能电网联合体，编者注）进行了一项研究。该研究表明美国政府只需投入 160 亿美元以鼓励全国电网智能化，就可以带动 640 亿美元的项目投资并创造 28 万个就业机会。智能电网的实施将为可再生能源行业、建筑业和房地产市场、氢能源储存工业、电气运输部门创造几千万个新就业机会，因为它们都依赖于智能电网为其提供平台。但是，与欧洲委员会所期望的通过智能电网计划创造的就业数相比，这一估计数字还是较小。欧洲委员会预计通过公共与私人部门 1 万亿欧元的投资，未来 10 年间在这个世界上最大的经济体建设分布式智能电网网络。

分布式智能电网的概念已经不是大多数主要信息通信技术公司刚开始讨论智能公共事业网络时所设想的模样了。它们早先的观点是建立集中式的智能电网。这些公司预见到通过智能仪表和传感器的应用将现有的电网数字化，使公共事业公司能够实现包括实时电流量监控在内的远程收集信息。它的目的是提高电流在电网中的输送效率，降低维护费用，并且更精确地了解用户用电量。它们的计划是改良性的，而非根本性的创造。关于使用互联网技术革新电网使其成为相互连通的信息能源网的讨论寥寥无几，而这样做将能够使数百万人自主创造可再生能源并与他人分享电能。

第三次工业革命标志着以合作、社会网络和行业专家、技术劳动力为特征的新时代的开始。在接下来的半个世纪，第一次和第二次工业革命时期传统的、集中式经营活动将逐渐被第三次工业革命的分散经营方式取代：传统的、等级化的经济和政治权力将让位于以节点组织的扁平化权力。

新一代的企业管理者意识到了地方市政当局、各个地区、中型企业、合作社以及业主们对利用微电网自己生产可再生能源的浓厚兴趣，认为这将是一个重塑他们企业地位的好机会。他们设想为能源和公共事业公司注入新的功能，并且在他们传统的能源供应者与输送管理者的角色之外，推行这一新的商业形式。为什么不利用智能公共事业网络来更好地管理从利用化石燃料或核能的集中式电站所输出的电流，并且利用全新的智能电网的输送功能来汇集、传输来自数千微型电站的电力呢？换句话说，从电流单向管理转变为双向管理。

在新的环境下，电力公司将放弃一些传统的自上而下的电力输送和供给控制方式，转而成为一个拥有数以千计的小型能源生产者的不可或缺的一部分。在新的方案中，能源类的公共事业公司将变得更加重要。一个公共事业公司将会成为一名信息能源网络的管理者。它将迅速从能源销售者转变为服务提供商，利用专业技术来管理其他人所生产的能源。因此，未来的公共事业公司将与客户一道管理整个价值链的能源利用，就像 IBM 这样的信息技术公司帮助客户管理它们的信息一样。潜在的新兴商机将最终超越它们的传统业务——单纯的销售电力。

早在 2001 年，美国电力研究所在它的报告“未来展望”中评述道：“分散式能源生产的发展可能会采取与计算机产业发展极为相似的路线。大型主机电能已经让位于小型化、在地理上分散分布的台式机和笔记本电脑相互连接、充分整合，成为一个极富弹性的网络。在电力行业中，集中式电厂仍将发挥很重要的作用。但是我们更加需要更小、更清洁、分散化的发电厂，能源储存技术将支持它们的发展。对这样一个系统，最基本的要求是先进的电子控制技术，对于控制、处理由如此复杂的互联系统所带来的海量的信息与能源流通，它绝对是必不可少的。”

不论选择建设哪种模式的电网，美国的集中、自上而下模式，或者欧洲的分散、合作模式，都有很多重要的问题需要考虑。行业观察家预计，2010—2030 年，美国需要花费大约 1.5 万亿美元才能将目前的电网改造成智能电网。如果美国的这些电网是单向而非双向的，那么美国将失去参与第三次工业革命的机会，随之而来的是，美国将失去其在全球经济中的领导地位。“互联网 +”、分布式能源、微型电网的深度耦合发展是未来趋势，促进电力工业和信息化深度融合，开发利用网络化、数字化、智能化等技术，实现电力电网的创新驱动、智能转型、绿色发展。当众多的微型电网与主干网连接在一起，进而形成互联网电力，就能把以互联网为载体、线上线下互动的互联网电力消费搞得红红火火。

在欧美国家，电力、互联网已经深度融合，致使大量创业型的能源互联网企业应运而生，满足了客户的各种不同需求。这必定在中国电改后得到复制。如，德国现今百花齐放的局面以及在售电侧尤其是电力服务端的繁荣也和整个服务领域被激活，深度广泛的和互联网、金融、通信等领域跨界融合密切相关。

对民用电力客户而言，电力与互联网的结合，可以帮助自己随时了解电力供求信息，更精准有效地使用廉价能源。在美国，用户通过智能手机，可以远程调控家用电器，帮助业主节约成本。此道理也适用于工商用户。

电力互联网，能够帮助企业清晰了解能源即时价格的变动。对于电力质量有着特殊要求的电力用户，能源互联网服务商能够提供全套的能源管理解决方案。

第二节 “互联网 +”用户负荷调度管理

在大规模新能源并网形势下，电网调峰面临极大挑战，光伏、风能等新能源往往具有随机性、不稳定性及逆调峰的特征，仅靠调度发电侧资源来维持电力系统功率瞬时平衡已变得愈加困难。在此情况下，对功率平衡方程式中的用户侧进行统一调度成了必然的选择。“互联网 + 负荷辅助调度 / 需求响应系统”是在充分尊重用户的用电意向及习惯的原则下，应用互联网技术及模式，对用户可控电器负荷实现细粒度监控和调控的系统。用户负荷参与发电调度的统一优化，一方面可减少弃风、弃光现象，使电网能够更多地消纳清洁能源，实现全社会的节能减排；另一方面可缓解电力系统调峰压力，使系统运行在更高效的状态区间，减少设备容量备用及网损，提升电网运行的经济性及稳定性。

电力用户希望能够实时了解自己的用电信息、电价信息等，并通过主动参与用电管理，降低本单位或家庭的用电费用，实现科学用电，提升生活品质，提高能源利用效率。同时，电网企业也希望通过引导用户用电负荷的转移，进行削峰填谷，降低对输配电设施容量的需求，从而减少对输配电设施的投入，提高企业的收益。另外，在新能源电力系统中，风能与太阳能是一种随机波动的、间歇性能源，大规模接入电网后将给电网带来持续性的随机扰动变量，必须依附可调度能源利用形式，以维持电网的安全稳定运行，充分发挥新能源发电的节能减排价值。

因此，“互联网 + 用户负荷辅助调度服务系统”是基于云端海量数据的用户侧能源管理的低成本实现，它能够为电力企业以及电力用户提供良好的互动平台，一方面为电力企业的调度工作提供积极的决策方案；另一方面也为电力用户的安全合理用电提供了便捷可靠的手段，在智能用电、安全用电和智能家居领域有着广阔的应用前景。

“互联网 + 用户负荷辅助调度服务系统”由工商业用户负荷采集终端（包括直接采集用户负荷的能效监测终端和信息集中与交换终端组成）、家用负荷采集终端（云终端）、APP 客户端（与云终端配合使用）、PC 客户端（与工商业用户采集终端配合使用）和云端服务器几个重要部分组成，如图 6-1 所示。

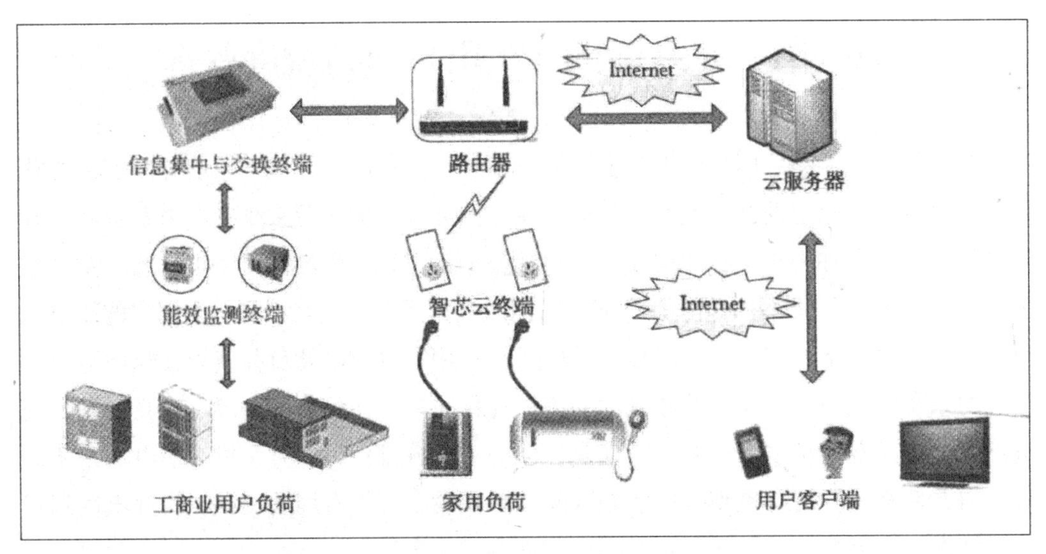

图 6-1　互联网 + 用户负荷辅助调度服务框架图

其中，云终端可以采集用电器的用电量，实现用电器的远程开关控制。工商业用户负荷采集终端由直接采集用户负荷的能效监测终端和信息集中与交换终端组成，可以对工商业用户的用能信息进行多数据采集分析。用户客户端包括与云终端配合使用的 APP 客户端和与工商业用户采集终端配合使用的 PC 客户端，APP 客户端实现用户与云终端的信息交互，包括用电器实时控制、定时控制、委托控制、能耗分析展示、参数设置等。PC 客户端实现工商业电力用户与采集终端的信息交互。云端服务器是整个控制方案的核心部分，包括用户邮件及短信注册、数据处理、数据记录、汇总分析、控制命令下发、辅助电力调度等功能。

由上可以得出互联网 + 用户负荷辅助调度服务系统技术树分析如图 6-2 所示。

下面，对以上各组成部分的研究内容分别进行描述。

一、互联网 + 云终端模式

1. 硬件特性

MCU 采用低功耗、高性价比的 STM32F051（Cortex-MO）系列芯片，通过串口或 SPI 总线与 Wi-Fi 模块通信；采用低成本的 CS5463 芯片，实现电流、功率、电能信号的采集；采用低功耗的磁保持继电器，实现开关控制功能；采用低功耗的 Wi-Fi 模块，实现与家用无线网关的数据通信进而实现开关状态、电流、功率、电能信息的上报；电源部分采用宽电压输入低成本的 TEA1522T 芯片。

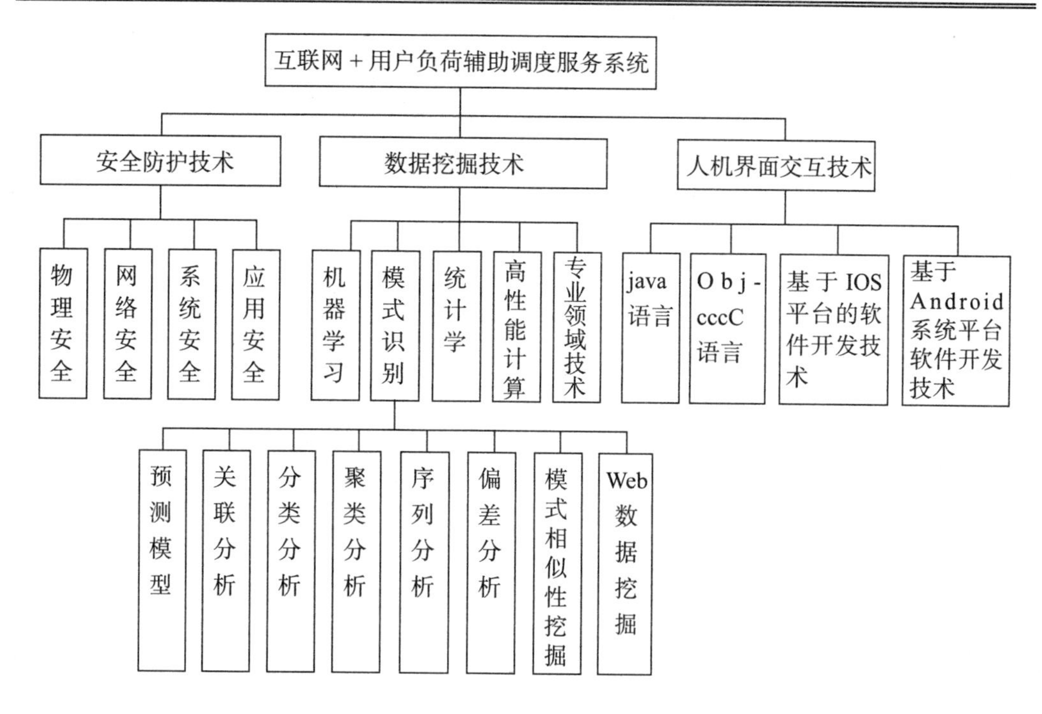

图 6–2　互联网＋用户负荷辅助调度服务技术树

2. 云终端性能指标云终端性能指标见表 6-1。

表 6–1　云终端性能指标

技术参数（Technical Parameters）			指标（Value）
输入	电压	额定值	AC220V
		适应范围	AC170~260V（电源波动 +/-20%）
	电流	额定值	规格 AC10A
		最大电流	规格 AC20A（连续运行不超过 2min）
	功率	正常	规格不大于 2000W
	频率		45~65Hz
	继电器寿命		10000 次
计量精度等级	电压、电流、频率		＜±1%
	功率、有功电能		＜±1%
	电能计量精度等级		2 级
设额指标	输出功率		17dBm
	射频数据传输速率		1Mbps 或 6Mbps
	接收灵敏度		-92dBm 左右
	工作频段		2.4G

续表

技术参数（Technical Parameters）		指标（Value）
功耗	静态功耗	<1W 不加射频功放
		<2W 加射频功放
绝缘强度		2kV/50Hz/1min
环境	温度	工作（Work）：-10~60℃，存贮（Storage）；-25~70℃
	湿度	≤ 95%RH, 不结露，无腐蚀性气体场所
	海拔	≤ 2000m
尺寸	长 × 宽 × 高	107mm × 59mm × 28mm

3. 功能模块

作为电力负荷调节的基础设备，云终端主要面向居民用户，可以帮助居民用户更轻松地进行家庭电能的控制和使用。一般云终端可以采集用电器的用电量，并实现用电器的远程开关控制。其硬件系统内部模块划分框架如图 6-3 所示。

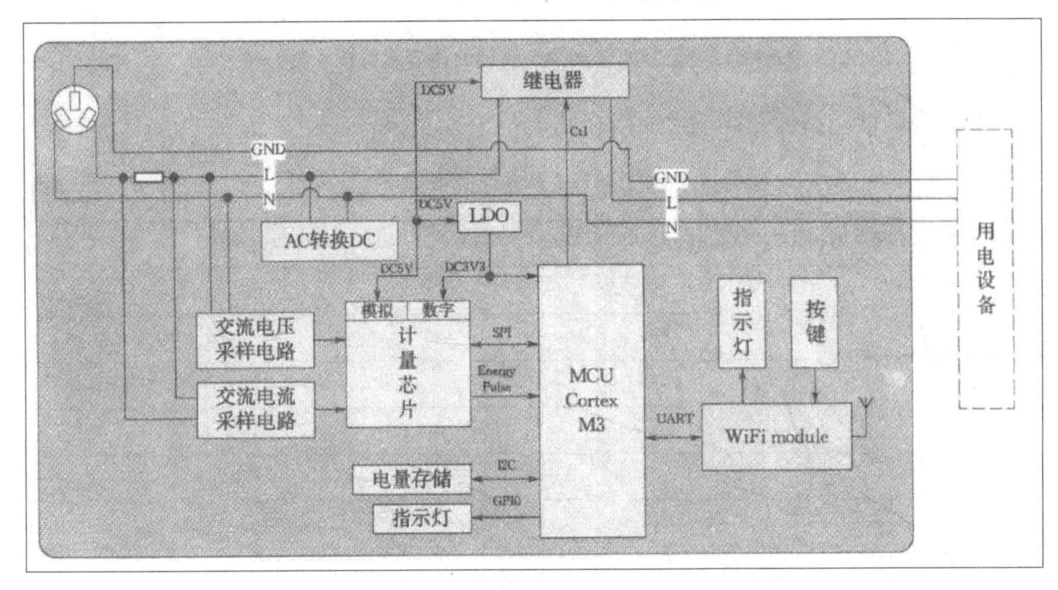

图 6–3　云终端硬件框架图

其中，电源模块包括交流转直流电路 AC 转换 DC 和直流降压电路 LDO 两部分，考虑功耗、成本、效率等因素进行设计，为硬件系统提供所需电源；微处理器 MCUCortexM3 为整个电路系统的核心，应具有如下特点：体积小、集成度高、低功耗而且支持睡眠模式、运行速度快、足够的外部通用 I/O 端口和通信接口等；计量芯片和采样电路能同时测量电流、电压有效值功率、频率等参数，充分满足云终端的需求；继电器模块应综合考虑成本和体积，由微控制器 MCUCortexM3 的 I/O 控制继电器开合，设计时要考虑保护电路，防止继电器开合时对电路系统造成冲击，PCB 设计时要考虑布线方法；Wi-Fi 模块应具有封装小、易于使用、便于开发等特点。

4. 技术特征

云终端在抛弃传统的手动控制开关，基于流行的无线技术理论，实现终端的远程控制，同时不改变家庭的网络布局。此产品可应用范围广，在智能家居、工业控制、无人值守系统、物联网系统中都能得到很好的应用。技术层面上，使用低功耗 Wi-Fi 接收、磁保持继电器大大地降低整机功耗，外壳使用亮面工艺，减少污染物的附着，内部电路处理后可在各种恶劣的条件下使用，结构使用卡扣方式，减少了组装时间，增加产品的可靠性。本项目研发的接近于零功耗控制器的技术水平已经达到了现在与未来预期的待机能耗控制技术的前沿水平。

在同类产品中首先设计运用了智能自学习功能，采用 C 系统及其相关的程序控制软件，运用数字控制理论和技术，对设备运行情况进行实时检测。该项目采用创新模块化设计，与传统产品技术相比有效提高了产品的维护性。

二、互联网 + 负荷采集模式

工商业用户负荷采集终端包括能效监测终端和信息集中与交换终端组成，前者直接采集工商业电力用户负荷的信息数据，后者将多个监测终端数据进行汇总，再上传服务器。

能效监测终端。能效监测与需求响应终端主要研究内容包括：能效处理技术研究、三相电计量研究、需求响应机制研究、通信技术研究、安全技术研究。

电量数据采集。电量采集主要测量电压、电流、有功功率、无功功率、功率因数、谐波等电参数。基于 PC 的数据采集，通过模块化硬件、应用软件和计算机的结合，进行测量。数据采集系统整合了信号、传感器、激励器、信号调理、数据采集设备和应用软件。

非电量数据采集。非电量数据采集是主要测量热工参数，如温度、湿度、压力、流量、流速等参数的测量技术。

存储数据模型。当前流行的数据库管理系统基本上都采用关系数据模型。关系模型已经成为数据库中数据模型事实上的标准。同时关系模型的描述能力比较强，效率高。关系模型数据库通常提供事务处理机制，这为涉及多条记录的自动化处理提供了解决方案。对不同的编程语言而言，表可以被看成数组、记录列表或者结构。表可以使用 B 树和哈希表进行索引，以应对高性能访问。

数据的存储组织。存储组织包括数据表示和存储空间管理两个方面。数据表示是数据库中应用数据的物理存储的表现方式，它受到数据库系统所采取的存储模型的制约。存储空间组织是对存储设备可用存储空间的应用组织策略，它的目标有两个：高效利用存储空间和为快速的数据存取提供便利。RTXCflashfile 是 RTX 操作系统下的文件系统，可以同时用于 NOR 型和 NAND 型闪存，可提供强大的管理程序，优化系统性能并延长使用寿命。

三相电计量研究。无法实时、准确及有效地测量用电网络的各项参数，对电网的安全运行极为不利，而且会对用户用电设备的运行造成极为不利的影响，最重要的是造成电能的极大浪费。因此，监控三相电用电的电压、电流的有效值、有功功率、无功功率和功率因数、相角频率及电能等参数，对用电安全和减少用电浪费具有十分重要的意义。本项目包含的三相电计量模块即用于设计测量各相以及合相的有功功率、无功功率、视在功率、有功能量以及无功能量，同时还要求能测量各相电流、电压有效值、功率因数、相角、频率等参数。

为了提高电能计量的精度，减小谐波对电能计量的影响，国内外研究人员纷纷提出了许多不同的计量谐波电能的方法。基于谐波分析理论的电能计量方法是其中的主要思想。基于傅里叶变换的谐波电能计量是当今应用最为广泛的一种方法。它由离散傅里叶变换过渡到快速傅里叶变换，使用此方法测量谐波，精度较高，使用方便。

业务模型和信息模型研究。对用户设备中的负荷设备、监控系统、控制装置、发电与储能设备分别进行研究，并从用电设备特性、可控和可调节性、设备的所有者等角度进行模型化设计。

服务模式研究。对能效与需求响应终端的技术特性、典型应用、用户需求和已有模式深入分析的基础之上，设计基于能效与需求响应终端的服务模式。

通信技术研究。通信接口的高效稳定、可扩展性、可兼容性是评判能效监测与需求响应终端效能的重要方面。选择与系统自身相适应的通信技术是系统的一个重要研究内容，目前主要存在两个不同的研究方向：一个是比较分析现有无线技术的特性，选择何种无线传感网的通信技术，另一个是针对能效监测与响应终端的应用环境，有线通信接口类型的选择及用能采集系统一体化路由协议的研究。

能效监测与需求响应终端的无线传感网络是集数据采集、数据处理、数据传输与一体的复杂网络，是系统通信的重要组成部分。组网方式、可靠性和抗干扰性是研究的主要内容。目前无线传感网可采用 WIA 和 Zigbee 等解决方案，无线方式具有移动性好、随时增加链路、安装和扩容方便等优点，但信号衰减、传输信道容易受到干扰和可靠性等方面是其不足。能效监测与需求响应终端可以根据自身应用的需要选择合适的无线传感网解决方案。

在工业有线通信网解决方案中，RS485 总线、CAN 总线、以太网是应用最为成熟与广泛的通信接口，在大数据传输、通信接口可扩展以及通信稳定性方面具有显著优势。其配套的通信协议诸如 Modbus、CANopen、TCP/IP 协议广泛应用在多种工业现场与通信设备中，具有广泛的接口兼容性。但采用何种通信协议及系统一体化路由协议仍须针对需求与响应终端的应用环境及其传输的数据量大小及传输频率而定。

物理安全。物理安全主要是指安全芯片物理防护研究方向。安全芯片是一个可独立进行密钥生成、加解密的装置，内部拥有独立的处理器和存储单元，可存储密钥和特征数据，为电脑提供加密和安全认证服务。用安全芯片进行加密，密钥被存储在硬件中，被窃的数据无法解密，从而保护商业隐私和数据安全。根据安全芯片的原理，由于密码数据只能输出，而不能输入，这样加密和解密的运算在安全芯片内部完成，而只是将结果输出到上层，避免了密码被破解的机会。

系统安全。系统安全是指在系统生命周期内应用系统安全工程和系统安全管理方法，辨识系统中的危险源，并采取有效的控制措施使其危险性最小，从而使系统在规定的性能、时间和成本范围内达到最佳的安全程度。系统安全是人们为解决复杂系统的安全性问题而开发、研究出来的安全理论、方法体系。系统安全一般可分为应用软件层的安全分析、操作系统层的安全分析、物理芯片层的安全分析。在各个层面均采取相应的安全措施，构建系统的网络信任体系及相应的安全基础设施，实现对基于信息技术、组网通信技术、数据采集技术的能效监测与需求响应系统中的人、设备和应用程序等一切实体的可信身份认证。

信息集中与交换终端。能效信息集中与交换终端提供数据采集、转发、处理和存储、参数设置查询和记录、能效监测系统内部联网等功能。能效信息集中与交换终端利用有线通信方式和无线通信方式与企业子站及网省公司进行通信，利用有线通信方式、微功率无线通信方式与能效监测终端进行通信。主要研究内容包括:通信技术研究、基于采集数据处理研究、通信协议研究、底层数据终端设备配置、管理研究、信息安全技术研究、软件架构研究、软件应用、需求响应研究。

通信技术研究。目前，网络技术已经融入到人们的日常生活中，人们已经完全进入一个网络生活的时代。在这种时代的背景下，通信技术无疑是一个关键技术，如何确保信息畅通、稳定、可靠的传输和交互才是研究的重点。

在电力能效监测系统中，采用有线以太网或移动互联网络，远程控制能效监测终端，可实现系统的自动化、信息化、互动化。以太网以其极快的发展速度已成为人们信息通信的必备手段，且技术成熟、应用广泛，在我们的生活中无处不在。因此，利用现有的公共网络，实现能效信息集中与交换终端与企业主站或省主站之间的数据交互，不仅确保了数据传输的可靠性和稳定性，而且大大降低了通信链路上的成本。

另外，为提高现场应用的灵活性，在一些特定场合可采用移动互联网络这种无线网络的方式来实现与主站的通信，移动互联网络即通用分组无线服务技术，是一种移动数据业务，其具有接入网络时间短、数据传输费用低、传输速度高、服务范围广等特点，更适合无法铺设有线网的应用场合，同时减少了安装成本。

能效集中与交换终端集成了多种工业通信方式，例如：RS485、CAN、微功率无线等，特别提到的是微功率无线这种小型的无线局域网方式，通过无线的方式组建局域网不仅可以解决线路布局的问题，而且在实现有线网络所有功能的同时，还可以实现无线共享上网。因其具有使用方便、价格低廉、适用性强、美观等优点，无线局域网解决方案作为传统有线局域网的补充和扩展，获得了很多网络用户的青睐，是当前通信领域发展最快的产业之一。

能效信息集中与交换终端与底层的数据采集终端组成一个小型的局域网络，符合工业现场通信的要求，更灵活、方便地收集底层采集的数据，由于具备多种通信方式，能效信息集中与交换终端的研究不仅限于能效监测系统，还可应用于其他工业现场，起到信息的集中和交互作用。

因此，根据不同现场的应用，合理的设计通信解决方案，能够有效地为工业现场服务，做到低成本、高效率、智能化的数据通信。

基于采集数据处理研究。在工业控制中，有大量从现场采集到的数据通过总线实时传递到控制系统，这些数据反映了设备运行的状态和性能参数，对它们进行计算、分析和存储，可为系统监测与控制提供决策依据。能效信息集中与交换终端可实现对能效数据的收集、存储、转发、分析功能，能效数据不仅包括电压、电流、功率、谐波等电量参数，而且还包括温度、湿度、流量、压力等热工参数，对能效数据的处理，可帮助企业有效地管理系统的能源配置，减少浪费。

能效数据收集。一个能效信息集中与交换终端可与多个采集终端组成一个小型的局域网，处在该局域网中的每个采集终端的数据被汇聚到一起，每个采集点的数据可单独处理。

能效数据存储。收集到的各采集终端的数据，可存储到本地存储器中，以便数据的历史查询。SD 卡作为 Flash 存储的代表，不仅具有可擦写、可编程的优点，而且写人数据断电后不易丢失，基于 SD 卡的种种优点，能效信息集中与交换终端采用 SD 卡作为本地数据的存储介质。

能效数据转发。一个能效信息集中与交换终端可连接的采集终端数量有限，在工业现场可用多个信息集中与交换终端连接更多的监测终端的方式，处理后的数据可直接上传到主站，或通过多个信息集中与交换终端之间的数据通信，汇总到几个集中与交换终端，最终上传到主站，这样可以减轻主站的负担。

能效数据分析。收集到的能效数据可按类型分为电工参数和热工参数，电工参数主要有电流、电压、四象限功率、功率因数、电度、电能质量等;热工参数主要有温度、湿度、压力、密度、流量、热量等。对每个采集终端监测的数据进行深入的分析，可实现实时数据处理、定时数据处理、历史记录查询、事件记录、故障诊断等功能，并可生成数据曲线图，便于用户分析能源消耗情况。用户可以通过一段时间的数据积累进行经验性的分析，掌握企业的能源消耗规律，实现“实时监测、自动汇总、灵活报表、动态分析”的企业能耗管理模式。做到“掌握情况、摸清规律、系统诊断、合理用能”，综合提高能源消耗管理水平，增加企业经济效益。

底层数据终端设备配置、管理研究。能效信息集中与交换终端可控制多个数据采集终端，一个能效信息集中与交换终端与多个采集终端形成一个小型的局域网络，可实现对采集终端的参数配置、数据收集、状态查询等功能。

时钟召测和校时功能。能效信息集中与交换终端有计时单元，可接收主站或本地手持设备的时钟召测和校时命令。能通过本地局域网能效采集终端进行广播校时。

终端参数设置和查询。主站远程查询或手持设备本地设置和查询下列参数：能效信息集中与交换终端档案，如采集点编号等；能效信息集中与交换终端通信参数，如主站通信地址（包括主通道和备用通道）、通信协议、IP 地址、振铃次数、通信路由等。

采集参数。可远程或本地设置和查询抄读方案，如信息集中与交换终端采集周期、抄读时间、采集数据项等。

信息安全技术研究。能效信息集中与交换终端在信息安全方面主要在两方面进行研究，即物理安全和系统安全。

（1）物理安全。为了保证信息系统安全可靠运行，确保信息系统在对信息进行采集、处理、传输、存储过程中，不致受到人为或自然因素的危害，而使信息丢失、泄露或破坏。可采用安全芯片对数据进行加密处理的方式来确保信息数据不被窃取、泄露等。例如，ESAM 安全芯片，可生成密钥，对数据进行加解密，拥有独立的 MCU 单元和数据存储单元，可存储重要数据特征和密钥，所起的作用相当于一个“保险柜”，最重要的密码数据都存储在芯片中，在硬件仿制比较容易的情况下，防止嵌入软件被拷贝后产品被盗版，用 ESAM 可以控制应用软件的流程，达到防止盗版的目的。

（2）系统安全。系统安全是指在系统生命周期内应用系统安全工程和系统安全管理方法，辨识系统中的危险源，并采取有效的控制措施使其危险性降至最小，从而使系统在规定的性能、时间和成本范围内达到最佳的安全程度。能效监测系统中，对于每个能效信息与交换终端和数据采集终端都建立身份档案，接入到系统中的每个设备都要经过系统的身份认证，不符合身份规范的设备不会接入到系统中，防止恶意侵害。

总之，系统安全的基本原则就是在一个新系统的构思阶段就必须考虑其安全性的问题，制订并执行安全工作规划（系统安全活动）。并且把系统安全活动贯穿于生命整个系统生命周期，直到系统报废为止。信息安全技术在研究过程中必须得到足够的重视，它是决定系统成败的关键。

软件架构研究。所谓软件架构设计，就是关于如何构建软件的一些最重要的设计决策，这些决策往往是围绕将系统分为哪几部分，各部分之间如何交互展开的；软件架构从大局着手，就技术方面的重大问题作出决策，构造一个具有一定抽象层次的解决方案，而不是将所有细节统统展开，从而有效地控制了“技术复杂性”。软件架构为开展系统化的团队开发奠定了基础，为解决“管理复杂性”提供了有力的支持。

能效信息集中与交换终端采用Lmux的系统架构，运行于ARM9硬件平台上，其具有开放性、多用户、多任务、良好的用户界面，并提供丰富的网络功能等特点，这些功能特性，有助于软件架构建立用户管理模型、系统交互模型、数据存储模型、系统接口模型，满足对能效数据的采集、处理、转发、存储等功能。构成一个逻辑上的完整的系统，既满足系统功能性和约束要求，又满足可用行、可靠性、性能和可维护性要求，这就是软件系统构架设计的任务。

软件架构设计的关系到整个系统的功能是否满足要求，影响着整个系统的安全性、可用性、可靠性、可修改性，因此，对软件架构的研究是非常重要的。

软件应用需求响应研究。能效信息集中与交换终端的软件主要研究与上层平台和下层采集终端之间的数据传输及业务的应用。软件架构采用Linux分层体系结构，与主站之间通过以太网络通信，采用TCP/IP协议对数据进行打包、分析等处理，最后传输到主站，进行数据上的交互；同时，实时监控下层采集终端的数据及状态，收集和处理采集终端上传的数据。

能效信息集中与交换终端在需求响应方面的研究能效监测系统中的重要组成部分，其对能效数据的处理、转发、存储、采集及对采集终端设备的管理，能效策略制定的实现，建立了电力提供方与用电方的实时数据通信是实现与用户互动的基础，通知用户当前电价、电网供需状况、计划检修信息等，以便用户根据此制订用电方案和选择自动响应。设备管理自动化、需求响应策略实施、能效管理等系统信息进行有效整合和优化控制，通过需求响应策略的实施，实现企业的节能减排。

三、互联网+客户端模式

互联网+手机客户端主要配合家用负荷采集终端即云终端使用，它是云终端的APP应用。而PC客户端主要配合工商业用户负荷采集终端使用。下面主要对它的设计概念、软件框架和处理流程进行说明。

1. 设计概念

客户端总体为C/S体系结构，客户端为多层体系结构。根据需求，建立以C/S、多层体系为基础的系统架构。系统建立在多层体系架构上，以提供更好的灵活性和强大的扩展能力。多层体系对于本系统来说是三层结构，分别从视图层、业务逻辑层、业务实体层进行分配，如图6-4所示。

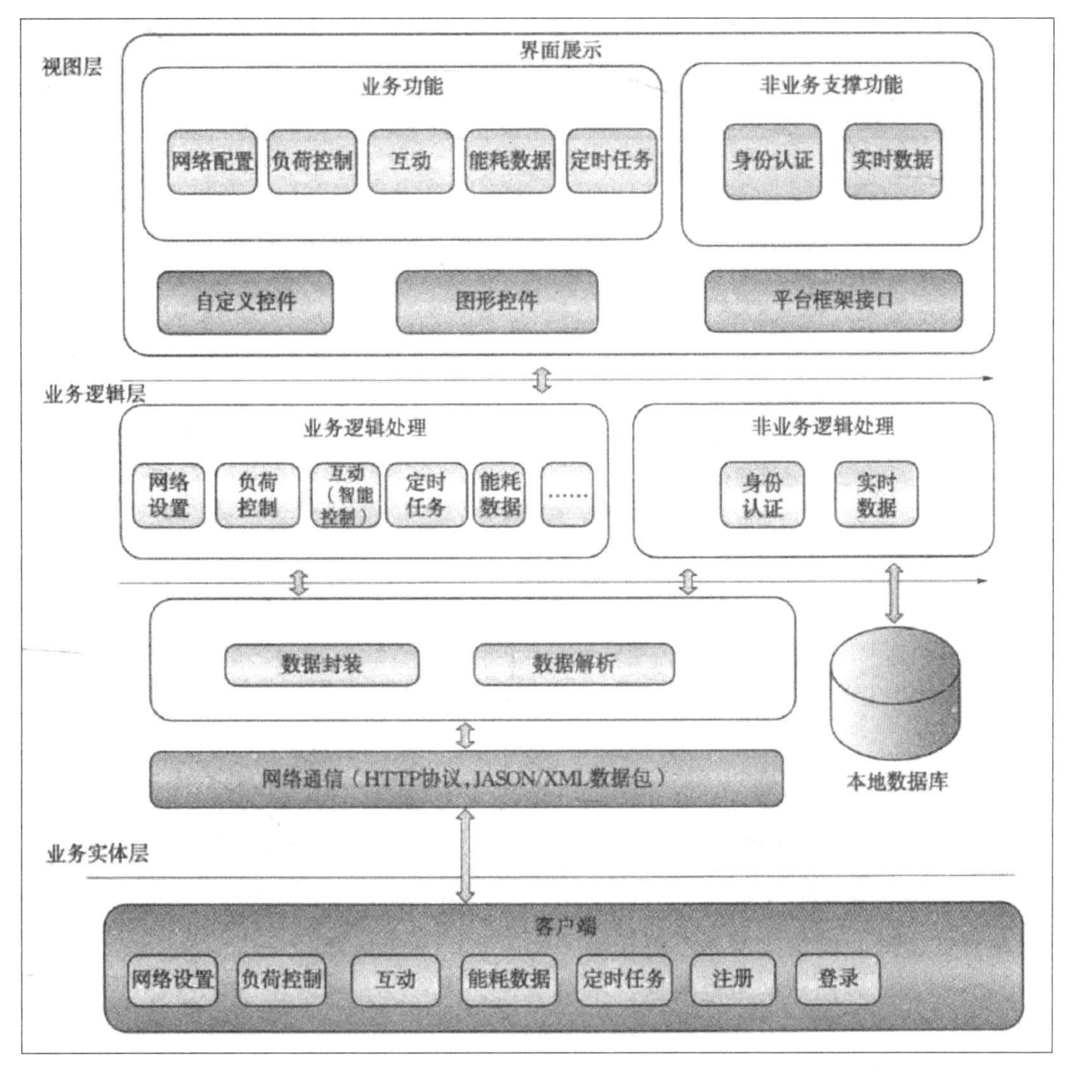

图 6–4 客户端软件架构图

视图层：主要是与用户交互的界面，响应用户的请求，会调用业务逻辑层的接口进行逻辑处理，根据结果以不同的形式展现给用户。

业务逻辑层：主要完成实际的业务逻辑，包括对服务器的数据请求和对本地数据库的读取。

业务实体层：本层包含对网关服务器的数据请求、数据解析；对平台服务器的数据请求、数据解析；数据库维护。

2. 软件框架

客户端主要完成功能有：对有功功率、电能、电流、电压等参数进行采集；本地通过按键实现开关控制、恢复出厂设置的功能；远程通过客户端实现实时和定时的开关功能。功能需求与模块的关系见表 6-2。

表 6-2　需求模块信息表

编号	模块名称	功能需求描述
1	注册	邮箱注册，并需要邮箱激活账户；忘记密码，邮箱验证并重置密码
2	登录	用户名与密码，身份认证
3	控制	远程控制家电，实时查询电器状态；定时控制，包括查询添加和删除功能
4	数据	远程实时查询日 、周、月 、年的用电量
5	互动	能耗分析，柱状图显示
6	设置	设置包括以下功能： 网络设置：配置网络使插座与 Wi-Fi 连接，之后获取智能控制器 MAC 地址，添加智能控制器 相应设置：即时响应 / 延时响应 修改密码：修改账户密码 峰谷设置：显示所在地区的峰谷时段

其中，控制模块有 3 大功能。

（1）实时控制，实时控制页面即为智能控制器的开关，显示智能控制器状态，可对开关进行控制。

（2）定时控制，定时任务的添加，任务列表的显示与删除，定时任务成对存在，一开一关。

（3）闲置，闲置按钮的开启和关闭，意味着对智能控制器是否执行闲置，处于闲置状态时，智能控制器不能控制，所有定时任务失效。

另外，此界面显示用电数据：日用电量、周用电量、月用电量、总用电量和绿色风电 5 种数据，方便用户了解用电信息。

设置模块共有以下 4 个功能。

1）网络设置。网络设置是对智能控制器的配置，使得智能控制器与路由连接上，并获取智能控制器的 MAC 地址，并显示，点击 MAC 地址可对智能控制器进行添加。

2）响应设置。响应设置主要是延时响应和即时响应两种，即时响应就是快速响应控制指令，延时响应是指根据设备的状态选择什么时候响应控制指令，比如关闭热水器。如果热水器正在烧水，此时发送关闭命令，就等待水烧开了以后再关闭。

3）峰谷设置。根据用户选择的地区显示当前地区的峰谷时段，一般有高峰、平段和低谷时段，个别地区有尖峰等时段，用户可根据时段的电价不同选择何时（大功率电器如热水器）用电。以错开高峰，降低用户用电成本。

4）修改密码。接口设计分为用户接口与外部接口，用户接口在界面设计上，应做到简单明了，易于操作，并且界面的布局应突出地显示重要以及出错信息；外部接口实现了系统与本地网关通过互联网的通信，通信协议为 HTTP1.1，数据格式采用 JSON 封装，Android 客户端统一采用标准 HTTP 的 POST 方法传递参数，字符串类型数据统一采用 UTF-8 编码。

3. 处理流程

用户在家庭内部（或外部）通过 Android 客户端使用 Android 客户端软件，根据用户选择的功能调用业务逻辑层相应的模块，业务逻辑层负责业务流程的组织，并调用业务实体层的模块，通过网关服务器接口（或平台服务器接口）同网关服务器（或平台服务器）进行信息交换。手机客户端业务逻辑层模块划分如图 6-5 所示。

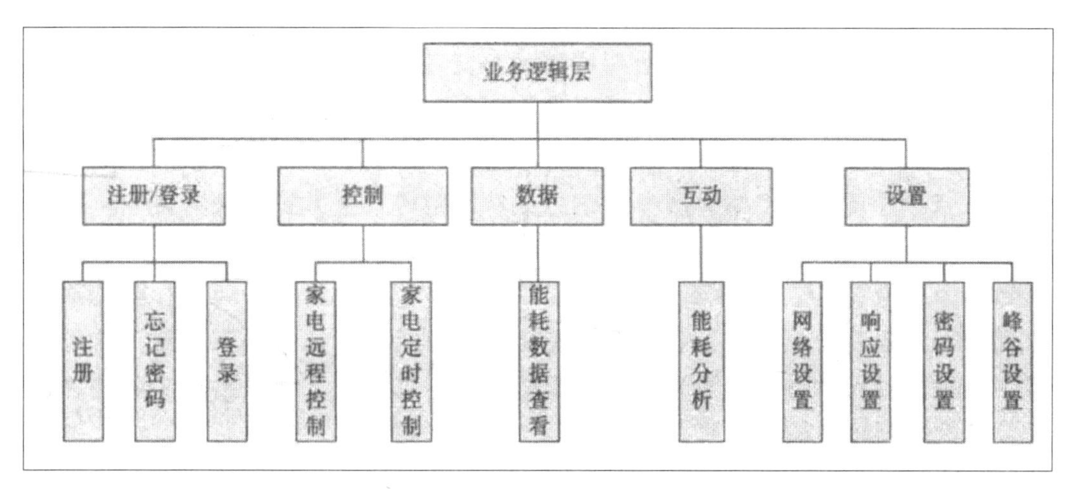

图 6–5 业务逻辑层模块划分图

四、互联网 + 服务器模式

1. 软件框架

互联网 + 用户负荷辅助调度服务系统服务器主要包括以下几个模块：用户接口模块、消息推送模块、开关控制模块以及信息查询模块。

用户接口模块主要负责用户注册，用户登录以及用户相关信息修改。消息推送模块主要负责将服务端信息推送到用户手机或计算机上面。开关控制模块主要负责向终端发送开 / 关信号。信息查询模块主要负责向用户提供各个终端的开关状态信息，电量信息以及设备信息等。

2. 用户管理

用户信息维护：输入用户基本信息并保存到数据库中。

新增用户功能，新增时需填写下列项目：用户名、用户分类、姓名、电话、电子邮件、所在单位。

修改用户信息功能，允许对下列项目进行修改：用户分类、姓名、电话、电子邮件、所在单位。

删除用户信息功能：删除后，用户信息将从用户表中物理删除。

锁定/解锁用户功能：锁定后的用户将无法登录系统。

修改密码：输入原密码及新密码，原密码验证通过后将密码变更为新密码。

3. 安全保密设计

介绍系统采用的安全措施与手段，包括应用安全、数据安全、备份与恢复及其他情况。应用安全内容广泛，包括权限管理机制、身份认证等；数据安全包括关键数据的加密解密，传输安全等；数据的定期备份与故障恢复等；另外如有其他方面的安全保密设计，可根据系统实际情况进行说明。

4. 运行模块组合

用户管理。用户管理包括用户注册、密码修改、用户问题管理等功能，其中用户注册采用邮箱注册和手机注册两种注册方式。

设备管理。用户通过添加设备功能将插座和用户设备信息进行绑定，一个用户可绑定多个设备，每个设备对应一个终端，每次添加设备时，需要插座进入配置状态，添加设备时客户端将所连接的信息广播给进入配置状态的终端，终端接收到信息，自动连接主站，并上报 MAC 地址给主站，主站记录 MAC 到内存中，同时终端会上报 MAC 地址给客户端，客户端接收到 MAC 地址后，会调用主站接口判断终端是否被使用过，如果是被使用过，提示用户选择是否显示历史终端电量，客户端进入新增设备界面，并要求输入设备名称，选择设备类型，点击保存后，系统将用户、插座和设备信息进行关联，实现设备添加。

能耗分析。通过日用电量、周用电量、月用电量、年用电量、总用电量的展示和具体的折线趋势图对单个用电负荷进行能耗分析。

设备控制。实时控制由客户端发起，发送开关命令给主站，主站经过处理以后，找到相应的终端，给终端发送开关命令，终端执行开关。

系统管理。系统管理主要为系统管理员使用，内容包括系统用户管理、角色管理、菜单管理、权限管理、日志管理、参数管理以及系统消息管理等工作内容。

5. 系统维护设计

对于数据库的维护，软件提供数据库的备份和恢复功能，方便实现数据库的维护管理。同时，为便于系统的维护设计，系统充分考虑代码的规范性和可扩充性，运用设计模式的思想方法架构模块。

第三节 “互联网+”配电网

配电自动化建立了配电自动化标准体系，研制了开放式配电自动化系统和智能配电终端，扩展配电自动化覆盖范围，实现了配电自动化系统与相关系统的信息共享与应用集成。在标准化信息交互以及分布式电源接入等方面取得的创新性进展，提升了配电网调度集约化水平，增强了配电网生产运行控制能力，显著减少故障停电时间，缩小故障影响范围，提高了配电网供电可靠性。

一、配电网建设背景

与传统配电网相比，智能配电网具有自愈能力强，安全性高、电能质量好和资产利用率高等特点。智能电网支持分布式电源（Distributed Energy Resources，DER）的大量接入，支持与用户互动，支持对配电网及其设备进行可视化管理，能够实现配电管理与用电管理的信息化。

配电网一般是由线路、杆塔、配电变压器、开关、无功补偿装置以及附属设施等设施组成的网络，在电力网中起分配电能的作用。通常配电网的电压等级在 110kV 及以下，但在负载率较大的特大型城市，220kV 电网也有配电功能。目前国内配电网多是指 35kV 及其以下电压等级的电网。

二、配电网建设中存在的问题

（1）多数城市配电网建设因前期不受重视，顶层规划设计滞后，资金投入有限等原因，配网一次设备装备水平偏低。断路器操作以手动为主，电动为辅；配网调度运行技术支持手段落后；"遥控"操作很难实现。国家电网公司系统配网能够实现"三遥"的开关仅占 6.7%，配网自动化水平整体偏低。比如在架空线路上，除柱上开关（真空断路器）外，柱上刀闸、跌落式熔断器，基本都是手动操作；在电缆线路中，接地刀闸基本都是手动操作，即使电控设备也都具有手动操作机构。在经济欠发达地区，一次设备基本仍以手动操作为主；配网设备的工作环境比较恶劣。在污秽等级较高的城市和乡镇，敞开式的电控操作机构容易出现机构卡塞、氧化严重等故障而不能正常运行。

（2）智能配电网通信平台技术支持系统建设及管理难度较大。配网设备数量众多，分布分散，要实现智能配网系统与终端设备实现通信互联，这就要求配网自动化设备需要配置大量的采集控制终端。当前采集终端的主要通信手段包括光纤、电缆等有线通信方式，CDMA、GPRS、3G 等远程无线通信方式，Wi-Fi、ZigBee 等短距自组网无线通信方式，电力线宽带、窄带载波通信方式，GSM 短信通信方式，就地采集方式（手抄器）等。以上各种通信方式优缺点比较明显，综合功能、后期改造与维护等多方面考虑，仅仅依靠某种单一的通信手段很难满足配网自动化系统建设时的需求，必须以多种方式相结合，采用多层集结的方式来降低通道的数量，以便充分发挥通信方式的高速信道作用，然而这样又极大地增加了通道建设及管理的难度。

（3）电源配置复杂，增加了后期维护的技术难度。智能配电网最基础的作用是准确定位故障区，及时隔离故障并保证非故障区的供电可靠，为了体现这些作用，必须在故障发生的同时，准确获得故障区的相关信息，然后通过“遥控”的方式隔离故障区域、转移负荷。这需要对现场所有设备及线路信息进行实时数据采集及控制，并为现场安装的大量终端装置提供必备的工作电源。然而，在现实配网系统中，一旦某区出现停电，相应的配网系统中的计算机系统和通信系统的工作电源、自动分合闸电源等电源系统往往发生掉电。为保证终端设备在停电后仍能持续工作，就必须安装容量充足的蓄电池及配套的充电器和逆变站，以保证停电时系统操作的自动化和可持续化。但这又增加了后期维护的工作难度，若处理不及时，则主站的作用就被大大削弱，这也是当前配网自动化系统实用度不高的主要因素之一。

（4）智能配电网网架结构不合理。近年来，城镇一体化进程加快。由于市政或当地供电部门重视程度不够、资金短缺、城市规划和建设滞后等原因，除发达城市和核心城市外，多数城市配网网架结构不合理、不科学，存在诸如单辐射线路多、手拉手供电半径过长、负荷分布不均衡、变电站布点远离负荷中心区等问题。配网结构性缺陷使得智能配电网设备的功能和作用严重受限，其智能化和先进性与其理想的效果相比相距甚远。

（5）智能配电网调度技术支持系统功能不完善，多数不具备运行监视和控制功能或没有建设配调指挥系统。目前多数调度部门从节省投资角度出发，采取依托地区电网调度自动化系统中部分功能模块设置配网工作站方式，只有少数调度部门开展配网调度指挥系统建设，应用功能相对完善的配网自动化系统和基于GIS的配网信息地理系统，进行配网的调度、监视和控制。

三、智能配电网建设进展

虽然我国城市配电网建设成果有目共睹，但毋庸置疑，大多数地方的配电网还普遍存在着结构不合理、转供能力差、电源支撑不足等现象，总体水平相当低。解决这些问题的第一步，就是搞好规划。过去企业、政府对城市配电网科学规划重要性的认识不足，造成区域间配电网投资强度与建设标准存在差异，投产不足与重复建设现象并存。现在情况明显改善，国家电网公司与南方电网公司在配电网规划方面做了大量工作，出台指导细则、统一建设标准、严格方案落实，有效增强了配电网规划的有序性、合理性。

在国际上，巴黎、伦敦、东京、纽约等城市都以停电时间短著称。它们经过多年建设和积淀，配网网架结构相对合理，互倒互带能力较强，供电可靠性很高，让国内城市相形见绌。比如，去年北京户均停电时间为131min，而上述城市都在10min以内。

瞄准与巴黎、新加坡等城市配电网的差距，我们明确了“强—简—强”的电网规划思路；做强 220kV 及以上电网和 10kV 配电网；简化 110kV 接线方式；增强变电站布点和出线能力，提高 10kV 电缆环网比例和架空线路互联水平。预计五六年后，首都核心区供电可靠率可达 99.999% 以上。

在配电网规划中，福建厦门供电公司充分考察比较国外先进城市高可靠性中压配电网思路，特别是学习巴黎分区供电思路，采用标准化、差异化、系列化、模块化供电模型，按照城市规划布局划分变电站供电区块，确保每一供电区块有来自两座及以上变电站电源，以双环网供电适应各类用户供电可靠性要求。

此外，山东济南供电公司提出了“全面对标东京电力公司”的口号；河北石家庄供电公司向法国配电公司开展国际咨询，范围涵盖配电网规划、设计、建设、运行等多个方面；江苏无锡供电公司的雄心，则可以从其编制的《“世界一流电网——无锡配电网”示范项目报告体系》上看出来。

配电网规划目标的高要求，并非只体现在各大城市的层面。根据国家电网公司规划，到 2015 年，国网将在重点城市核心区域率先建成现代配电网；到 2020 年，全面建成世界一流的现代配电网。

定目标只是配电网科学规划的第一步。在实践中，配电网规划的科学性，主要取决于规划是否具有合理性、前瞻性，能否同步甚至超前于城市发展。城市电网规划中不确定因素很多，负荷的分布及发展状况很难准确预测；城市电网规划与建设所涉及的部门和专业领域众多，必须协调好多边关系，以满足城市发展的需要。做好这两点，基本就能实现所谓的“无缝对接”。

预测负荷是配电网规划特别是超前规划的基础。城市哪里发展得快，哪里负荷增长就快、潜力就大，需要考虑新增电源点、新架线路；反之，城市哪里发展得慢，哪里负荷增长就乏力，应避免投资浪费。这说起来简单，但绝对是一项复杂且困难的工作。

北京市电力公司为破解传统规划的局限性，探索出了一套“网格化”规划法，其关键便在于对负荷分布及发展的精确预测。他们选取现有用电客户样本 3262 个，分析并整理 1.5 亿个历史电量数据，结合度夏度冬负荷实测校验，初步建立 14 类用地性质和 44 类客户负荷预测模型，为准确预测不同用电性质客户负荷提供了直接依据。“由此，他们超前规划配电网时心里才更有底儿。”

在湖北武汉，电网规划已谋划至 2030 年。武汉供电公司的大规划图上，2030 年前要建哪些变电站，站址坐标清清楚楚，2020 年前要重点建设哪些电力线路也一目了然。“我们单位所在的开发区用电量很大，并且非常有潜力，但我们并不担心用电问题，因为开发区电网规划已经超前十几年了，至少未来很长一段时间电力供应都是有保障的。”对接城市发展，最关键的还是要与社会各方，尤其是与政府部门对接好。从各地反馈的情况来看，电网企业普遍都能做到这一点。

从 2004 年开始，广东省广州供电局联合广州市规划局共同开展了城市高压电网规划的编制工作。通过测算各区域饱和用电负荷需求，结合城市规划，提前控制预留广州远景发展所需的变电站用地和线路走廊。2013 年，该局又促成政府将广州近期、远期计划投产的变电站选址纳入“三规合一”和功能片区土地利用总体规划之中。

山西太原供电公司建立了与各级政府、企业、小区、重点工程的密切联系机制，详细掌握区域发展规划和用电需求，去年在 3 个月里确定了 20 座变电站、8 座开关站的站点位置及 50km 的线路通道路径，签订电网规划框架协议 10 份，使电网规划更接地气。

预计到 2015 年、2020 年，我国各类分布式电源总容量将分别达到 7400 万 kW 和 18350 万 kW，电动汽车总量将分别达到 50 万辆和 500 万辆。分布式电源快速发展，电动汽车、储能装置等新型用电负荷大量接入，对配电网规划设计提出了更高要求。配电网将触角延伸到城市的每一个角落，为人们生产、生活输送着不可或缺的能量。保证电网规划科学，既是自身健康发展的前提，也是城市良性发展的保障。近年来，电网企业以更高的目标、前瞻的眼光科学规划配电网，实现了配电网建设与城市发展的无缝对接。采用多种智能终端，基于多种通信技术，建设统一的配电网综合管理平台，实现配电网的自动化、信息化、智能化。建设配电网综合管理平台，与营销系统、生产管理系统等系统进行信息交互，实现配电网统一的综合的管理。灵活运用多种通信方式建设安全可靠的配电网通信网络，为平台与终端之间的信息交互构建完整的通道。通过部署 FTU、DTU、智能开关、智能配电箱等智能终端，实现配电网运行状况的实时监测和信息上传，提高配电网的智能化水平。

第四节 “互联网 +”新能源

2014 年，国网公司系统大力推进“以电代煤、以电代油，电从远方来，来的是清洁电”战略，累计实施电能替代项目 1.3 万余个、替代电量 503 亿 kW · h，为促进节能减排做出了贡献。

2015 年，在经济发展的新常态下，国网公司推进电能替代工作的思路与目标是，深入贯彻国家推进能源消费革命、防治大气污染的方针政策，主动适应经济发展新常态，大力推进电能替代战略，扩大售电增量，增加边际效益，优化能源结构，促进节能减排；积极创新电能替代技术领域和工作机制，努力争取各级政府出台支持鼓励电能替代的环保、补贴、价格政策，加强电能替代宣传，以经济性好、应用便捷、社会易接受的替代技术为切入点，全力推广电能替代项目，确保完成 650 亿 kW · h 替代电量目标。国网公司今年将继续推广炉、热泵、家庭电气化等传统项目，因地制宜拓展新领域、推广新技术、创新新模式，细分客户个性化用能需求，深入挖掘替代潜力，加大分散电采暖、电窑炉、港口岸电、电制茶、电烤烟、机场桥载替代飞机 APU 等技术的推广力度，大力推广富余水电、风电等清洁能源，或高效火电机组替代燃煤自备电厂发电；组织清洁能源或富余发电资源，通过发电侧竞价等方式，降低客户成本。

国网公司创新电能替代工作机制，强化电能替代工作协同机制，整合国网公司内外部资源。强化项目跟踪服务，在报装受理、勘察及用电检查等环节，收集潜在项目信息，并由专人实行全过程跟踪服务；开辟业扩报装绿色通道，建立相关部门协同机制，实现从业扩报装到送电全过程“一站式”服务，简化项目管理流程，大力推广打包项目和应急增补项目机制，提高配套电网建设的时效性，适度超前完成配套电网建设；加大对电能替代项目配套电网工程的优惠和支持力度，优先支持电能替代项目；支持节能公司通过合同能源管理等方式，开展电能替代项目咨询、设计、施工、运行维护等服务，推动项目落地，分享替代效益；整合行业协会、设备厂商等资源，探索建立电能替代推广合作机制，协同开展信息收集、方案推介、项目实施、成果展示等推广活动。

清洁能源是撬动能源结构调整乃至整个经济结构调整的重要支点，发展清洁能源以应对气候变化已是大势所趋，必须确立清洁能源优先发展战略，加快改善能源结构。

一、指导政策

上海市 2012 年 6 月 19 日发布的《市政府办公厅转发市发改委等制订的燃煤（重油）锅炉清洁能源替代工作方案和专项资金扶持办法通知》（沪府办发〔2012〕36 号），因是上海市政府 2012 年第 36 个文件，被称为“36 号文”；另一份是《上海市经济信息化委、市环保局、市发展改革委、市财政局、市建设交通委、市质量技监局关于落实本市 2012 年燃煤（重油）锅炉清洁能源替代工作的通知》。

根据“36 号文”要求，到 2015 年年底，上海市将对划定的“无燃煤区”“基本无燃煤区”范围内，供热能力共计约 4000 蒸吨（燃煤锅炉每小时所产生的蒸汽量）的 1300 余台燃煤（重油）锅炉实施清洁能源替代。其中，2011 年已实施替代及关停的锅炉 94 台，累计供热能力为 339 蒸吨（其中实施替代 35 台共 124 蒸吨）。

国家电网公司作为关系国家能源安全和国民经济命脉的国有骨干企业，在推进节能、低碳、绿色发展方面扮演的角色举足轻重。国家电网公司高度重视节能减排工作，积极贯彻国家“十二五”节能减排规划，认真落实国务院国资委的各项节能减排工作部署，促进能源结构优化调整、推动经济社会发展方式绿色转型。为科学有序推进电能替代工作，2013 年，国家电网公司组织有关专家成立了专题课题组，深入开展电能替代研究，分析论证实施电能替代的重点领域和成熟技术，最终完成了《国家电网公司实施电能替代相关问题研究》，研究分析了以电代煤（油、气）的 10 种技术、14 种替代方式。2013 年 8 月 15 日，《国家电网公司电能替代实施方案》出台，在国家电网经营区域内全面启动电能替代工作。

2013年9月，北京市发布了《北京市2013—2017年清洁空气行动计划》，要求全市新建项目原则采用电力、天然气等清洁能源，不再新建、扩建使用煤、重油和渣油等高污染燃料的项目。2013年年底前，划定城六区范围内的高污染燃料禁燃区；自2014年起，按照由城市建成区向郊区扩展的原则，逐步在远郊区县城关镇地区划定高污染燃料禁燃区，禁燃区内逐步禁止原煤散烧。现有燃煤设施按期限完成清洁能源改造，加快推进无煤化进程。

坚持能源清洁化战略，因地制宜开发本市新能源和可再生能源，积极引进外埠清洁优质能源，努力构建以电力和天然气为主、地热能和太阳能等为辅的清洁能源体系。2013年，北京市发展改革委牵头制定《北京市2013—2017年加快压减燃煤和清洁能源建设工作方案》并组织实施。到2017年，全市燃煤总量比2012年削减1300万t，控制在1000万t以内；煤炭占能源消费比重下降到10%以下，优质能源消费比重提高到90%以上。

2014年6月8日，国家发展改革委发布《关于做好2014年电力迎峰度夏工作意见的通知》，通知中要求各单位切实加强安全生产，确保居民生活等重点用电，努力消纳清洁能源，深入开展需求侧管理，积极推动改革创新，促进经济社会持续健康发展。对于部分地区风电、光伏发电等清洁能源发展过于集中的问题，应从优化发展布局入手，改变以资源定规划的倾向，加强电源电网统一规划，并及时建设风电、光伏电站的配套电网，优化跨区跨省输电通道运行，提高送出清洁能源电力的比重。弃风弃光严重的地区，扩大建设规模必须超前实施和完善输配电设施。通知中还要求强化配套，切实支持分布式光伏发电并网：一是鼓励尝试分布式光伏发电向同一供电台区的附近用户售电，相关供电企业应当支持配合；二是电网企业要进一步整合优化服务流程，完善一站式服务，及时按月结算；三是市县政府相关部门应强化统一协调，纳入节能减排工作体系，制定可行办法，妥善解决屋顶资源难落实问题；四是完善分布式光伏发电合同能源管理、交易结算等机制，加强监管，保障市场主体的合法权益。

2014年中央经济工作会议指出，过去能源资源和生态环境空间较大，现在环境承载能力已经达到或接近上限，必须满足人民对良好生态环境的期待。《能源发展战略行动计划（2014—2020）》明确提出要构建清洁、高效、安全、可持续的现代能源体系，涉及能源结构调整以及清洁低碳能源的使用。国务院特别提到要实施绿色低碳战略，未来6年，中国的一次能源消费总量控制在48亿t标准煤左右，煤炭消费总量控制在42亿t左右，同时非化石能源占一次能源消费比重达到15%，煤炭消费比重控制在62%以内。到2030年，非化石能源占一次能源消费比重提高到20%左右，而原油的占比将降至13%。

面对2020年的能源结构目标，《能源发展战略行动计划（2014—2020）》称，把发展清洁低碳能源作为调整能源结构的主攻方向，大幅增加风电、太阳能、地热能等清洁能源消费比重。

目前国家能源局正会同发改委、工信部制定清洁、高效发电优惠政策，以进一步发展清洁能源，治理大气污染。在国家政策的大力推动下，各个地方政府和企业也推出了相应的政策和方案来保证清洁能源的利用。

为加强清洁能源供应的保障力度，由市发展改革委牵头，加快外受电力通道、变电设施、高压环网建设，增强外调电供应保障能力。到 2017 年，外调电比例达到 70% 左右，电力占全市终端能源消费量的比重达到 40% 左右；加快输变电和并网工程建设，实现9个电网分区均有本地电源支撑，全网供电能力得到提升，农村电网得到全新再造，供电能力和电能质量显著提升。

二、现状及问题

“十二五”期间，在各方努力下，我国的清洁能源获得了空前的发展。截至 2013 年底，中国一次能源消费总量为 37.6 亿 t 标准煤，其中煤炭占一次能源消费总量比重为 65.7%，2013 年进口原油 2.82 亿 t，消费 4.90 亿 t。非化石能源占一次能源消费比重为 9.8%。然而，在智慧港口、交通照明、光伏载体、城市供热和能源梯级利用等多个方面中，还存在着很大的清洁能源利用空间没有发掘出来。具体体现在以下方面。

（1）智慧港口领域。全球 10 大集装箱港口中有 7 个在中国，虽然进出港口的船舶和货车带来了货物和经济发展，但也加剧了港口和周边地区的空气污染。

2011 年远洋船废气排放导致的死亡人数为 4.6 万人。一艘中型到大型集装箱船，如果使用含硫量为 35000ppm（ppm 为百万分比浓度）的船用燃料油，并以 70% 最大功率的负荷行驶，那么一天排放的 PM2.5 污染物相当于 50 万辆国 IV 货车一天的排放量。船舶、港口排放的二氧化硫、氮氧化物和 PM2.5 占全市排放总量的 12.46%、11.6% 和 5.6%。船舶和港口对于空气污染的贡献值也达到了 30%。这些船只对港口和周边地区的空气污染同样不容小觑。自然资源保护协会在京发布的《船舶和港口空气污染防治白皮书》指出，由于船舶使用高硫含量油，其排放废气中所含的柴油颗粒物、氮氧化物和硫氧化物，严重威胁人类健康与环境。2010 年，中国约有 120 万人受空气污染影响而过早死亡，其中水运是空气污染和健康问题的重要因素之一，尤其在港口城市。

（2）城市电供热领域。近年来风力资源丰富的地区风电发展较快，北方地区风力资源丰富，是我国开展风力发电的最主要区域。在冬季为保障供暖需要，北方地区的热电厂处于满负荷运行状态。同时，受市场规模小、调峰资源有限、跨区输电能力不足、新能源项目安排超出规划等因素制约，当地已经没有空间来进一步大规模消纳风电，弃用风电现象严重，造成大量风资源浪费，影响了风电产业的进一步发展。东北部分地区风电利用小时数已从 2200 多 h 下降到 1600h，蒙西地区降至 1900h，蒙东地区降至1500h。2013年，蒙西弃风电量12亿千瓦时左右，蒙东弃风电量8亿千瓦时左右。冬季弃风多在晚间，恰好与城市供暖高峰相对。另外，北方城市冬季供热能力不足，供热以燃煤为主，清洁供热比例低，燃烧大量煤炭，既严重污染了大气环境，又增加城市交通运输压力，影响城市景观形象。

（3）光伏载体领域。2013年，全国太阳能电池行业完成累计产量同比增长19.95%。其中，东部完成累计产量占58.59%，同比增长25.61%；中部完成累计产量占29.31%，同比增长15.87%；西部完成累计产量占11.24%，同比增长4.43%，东北部完成累计产量占0.86%，同比增长30.43%。国内市场快速增长，新增装机量超12GW，累计装机量超20GW，电池组件内销比例从2010年的15%增至43%。全行业销售收入3230亿元，其中制造业2090亿元，系统集成1140亿元。如此巨大的光伏市场所需要的自然资源和条件是难以被满足的。该结论可从光伏电站的修建原则上看出，具体如下：

1）拟建地面积大，土地成本低，尽量能整块提供大于等于1000亩土地。

2）附近生产生活设施齐全，生活用电、用水、用气方便。

3）附近用电负荷较大，利于就地消纳光伏发电。

4）附近有变电站或输电线路，并有备用间隔或有条件输出光伏发电。

5）附近居民成分简单，社会治理稳定，政府办事效率较高，地上附着物不多或将来赔偿较少。

6）附近历年来无地震、水灾、风灾等较大自然灾害，地质结构稳定。

7）地势平缓，土质结构稳定；附近上风口无大型冶炼、化工、火电、石化等产生大量粉尘和烟雾等污染性企业。

根据上述原则，在如今这个土地资源非常紧缺、城市用电结构复杂、全国发电用电比例不均衡的情况下，要选出合适场地建设光伏电站是非常不易的。

（4）交通照明领域。目前很多城市的夜景照明均存在过于追求城市形象和亮度、科学分析论证不足、缺乏统一规划或规划相对滞后的问题。出现了该亮的不亮、不该亮的反而很亮现象，整个城市的夜景分散零乱，没有主次和特点，这样的设计规划不仅浪费了能源，而且整体照明效果也不好。夜景照明实例占整个城市照明工程实例的2/3左右；而功能性照明实例，如道路、桥梁、隧道等照明实例仅占整个城市照明工程实例的1/3左右。在我国的部分城市因过于追求城市形象，盲目追求灯光照明的亮度，出现了部分城市的交通主要干道路面照明的平均照度，均大大高出我国或国际标准规定的照度值（国家规定主干道的平均照度值为301x），路面平均照度值达到511x，个别路面平均照度值竟然达到105lx。这种盲目追求路面亮度的现象，不仅造成了电能的过度浪费，还产生了照明眩光、光污染等问题，其照明的负面效应较为突出。

（5）城市能源梯级利用区域。所谓区域能源是指在区域内系统解决所需要的电、热、冷、热水等多种用能形式。能源要合理利用、梯级利用、科学利用，各种能源要在合适的位置上完美消纳。区域能源就是把能源梯级利用，高品位能源要有高品位的利用，低品位的能源要有低品位的利用。虽然区域能源理念早就提出，但在我国仍只是单一的能源供应，或者供热、供冷，直到近些年来随着生活水平的提高，技术的发展，区域能源才渐被认知。梯级能源利用技术在区域能源中最大的作用，即能实现低品位能源的有效利用，实现能源的梯级应用。高品位的能源先发电，用发完电的余热来供热供冷，把能源综合地、集成地利用起来，实现节能减排的目标。

要实行区域能源梯级利用，才能把能源合理科学地利用。但是目前还存在一些问题阻碍着区域能源的梯级利用：第一，不能把一次能源、二次能源、高品位能源、可再生能源还有一些废能源组合在一起利用，综合在一起利用；第二，区域能源末端冷热用户有住宅、办公楼、商场等不同类型，并且需要用冷、热负荷的时间是不一样的，现在还不能把用户的需求很好地有机地整合在一起；第三，冷、热、电负荷综合在一起考虑的综合方案还不完善。

如何发展清洁能源，使清洁能源的发展逐渐成为国内能源的主力军，是迫切需要解决的问题。虽然国家政府大力推动清洁能源，但由于国家政策、法规和引导办法不完善，清洁能源的发展并不能满足日益增长的需求。所以，开辟一条新道路来发展清洁能源是十分迫切的。国家政府及相关部门、企业需要提供一系列的清洁能源解决方案，包括港口船舶岸电整体解决方案、城市电供热整体解决方案、屋顶光伏整体解决方案、风光互补路灯整体解决方案、城市清洁能源梯级利用整体解决方案等。通过这些方案的广泛实施，使广大民众受益，让广大民众接受并积极消费，进而使企业不依靠政府补贴也能顺应市场潮流，从用户的角度来推动清洁能源整体发展。

首先，更要高度重视能源的清洁利用，尤其是要解决雾霾问题，必须特别重视煤炭的清洁利用。要加强科技进步提高能源效率和污染控制技术水平。大量煤炭散烧和机动车尾气是雾霾污染的主要原因，要加大以电代煤、以电代油的力度。

其次，不论是利用清洁能源和能源的清洁利用，都需要加强能源与电力生产者各个环节的互动以及能源生产者与需求者的互动，智能电网将是完成这一使命、实现能源转型的重要基础和支撑。要加强智能电网的规划和建设，使发展清洁能源、能源的清洁利用以及智能电网建设同步规划、同步实施、同步获得效益。

对于清洁能源企业来说，成本高昂、资金紧缺是个不能避免的难题，如果采用银行、保险、节能服务公司等多方互利共赢的业务合作模式，不但解决自身资金问题，而且为更大范围推广清洁能源提供了基础。

简单地说，清洁能源对于国内大多居民家庭更意味着简单方便地应用电力，而非煤球、柴油、汽油等需要转换的一次能源。我们从民生方面，用户的角度入手，使大家更主动地去接受清洁能源。

三、应用解决方案

1. 光伏发电项目案例

光伏发电具有随机性、间歇性和波动性，这使得其并网容量被限制在一定范围内，这就在一定程度上限制了光伏发电大规模的应用。智能电网的发展很好地解决了这个问题。对于单机容量小于 100kW 的光伏，其在配网低压侧（用户侧）并网，由并网控制器控制并网条件，当满足并网条件时自动并网，反之则随时脱网。对于发电容量在几百瓦到几千瓦的家庭用户，可通过 220V 插座实现“即插即得”。智能电网的发展提高了社会各方利用光伏发电的主动性，提高了光伏发电的开发力度和使用效率。

我国对智能电网的探究也一直在进行。目前，国内电网不能满足光伏发电产业的发展需求。所以我国将建设以“特高压为核心”的“坚强智能电网”，以解决光伏发电并网问题，促进新能源的利用。我国的智能电网是以特高压电网为骨干网架、各级电网协调发展的坚强电网为基础，利用先进的通信、信息和控制技术，构建以信息化、自动化、数字化、互动化为特征的统一坚强智能化电网。

我国最大的地面并网型光伏电站——徐州协鑫 20MW 光伏电站正式投运。该电站采用多种跟踪方式安装光伏组件，并配有完善的计算机监控设施。此项目填补我国大型并网光伏电站建设领域的多项工程与研究空白。我国最大的屋顶光伏电站在阜宁经济开发区正式投产，总装机容量 9.18MW，一期为 3MW，年平均上网电量 337 万 kW•h。它采用平板式晶体硅光伏组件作为光电转换设备，通过大型入网式逆变器将电流转换为符合电网条件的交流电，经升压并入高压电网。此外格尔木 200MWp 大型光伏电站一期工程于今年并入电网，装机容量为 20MWp。以上举措优化电源结构，促进节能减排，同时也促进智能电网不断建设，为光伏电站顺利并网提供保障。

当前，在我国深入调整能源结构，积极推进能源生产和消费方式变革的背景下，大力支持和促进光伏产业健康发展，已经成为打造中国经济“升级版”的重要举措。中央政府高度重视光伏产业发展，出台一系列政策举措促进光伏产业健康发展，推动产业创新升级。2012 年 6 月 14 日的国务院常务会议提出，要重点拓展分布式光伏发电应用，要求电网企业保障配套电网与光伏发电项目同步建设投产，优先安排光伏发电计划，全额收购所发电量。

在光伏产业快速发展的背景下，如何在保障电网安全稳定运行的同时，实现分布式光伏发电安全、稳定、便捷并网，是电网接纳光伏发电、促进光伏发电产业发展的关键因素。

为促进分布式光伏发电并网，2012 年 10 月，国家电网公司发布《关于做好分布式光伏发电并网服务工作的意见》，“支持、欢迎、服务”分布式光伏发电发展，提出加强并网技术研究，优化并网流程，简化并网手续，提高服务水平，促进我国光伏发电持续健康发展。

近年来，随着我国智能电网建设的深入推进和电力信息通信技术的发展应用，电网的智能化水平不断提高。智能电网构建了分布式光伏太阳能、风能等新能源开发利用和高效配置的平台，将有效支撑分布式电源的接入，破解长期以来制约我国光伏发电产业发展的一大难题，推进光伏并网关键技术的研究和应用，进一步解决我国分布式光伏发电并网应用技术难题，促进分布式光伏健康发展。

自 2013 年 3 月南瑞集团与浙江省政府、嘉兴市签订《促进浙江省太阳能光伏产业“五位一体”创新综合试点工作的合作协议》，正式筹建分布式光伏并网技术研究院以来，南瑞集团国电通公司广泛开展对外交流与合作，积极推进相关技术、系统的研发和应用，目前已开展了光伏并网研究实验室建设、国家 863 科技项目、浙江省重大科技项目的申报等工作，并积极推进嘉兴光伏高新技术产业园区 14.2km² 区域内整体分布式光伏发电系统的设计、实施和运营，初步形成了分布式光伏并网信息通信一体化监控平台、分布式光伏并网产品检测平台、分布式光伏接入系统规划设计仿真平台、分布式光伏集中监控管理系统、分布式光伏发电仿真系统、模块化家庭光伏接入设备、智能逆变器等一系列核心技术和产品。

以分布式光伏并网关键技术和产品为基础，结合南瑞集团在电力信息通信、云计算、物联网、大数据、能效管理、储能、微网等领域的成熟产品和技术，分布式光伏并网技术研究院将全面支撑嘉兴光伏高新技术产业园区能源与 IT 综合业务运营，打造绿色、低碳、节能、智慧的高新技术产业园区。

各国对智能电网和太阳能等新能源发电都投入大量资金进行研究。这是由于新能源发电依托着智能电网的发展而发展。智能电网高速、可靠、经济、安全的电能输送通道为光伏发电的电能输送提供了较好的保障，其发展与应用是相辅相成、互相促进的。

2. 风力发电项目案例

宁夏电网风电电力达 268 万 kW，占当日全网最大负荷的 27.86%，日发电量首次超过 5000 万 kW · h，达到 5153 万 kW · h，风力发电电力、电量双创新高。同时，光伏发电日发电量 546 万 kW · h，新能源日发电量占到当日用电量的 25.77%。

随着吴忠市五里坡风力发电运行公司侯桥第一风电场 64 台新建风电机组正式并网，宁夏电网新能源装机容量突破 500 万 kW · h，其中风电装机 343.79 万 kW · h、光伏装机 162.08 万 kW · h。作为电网第二大主力电源，新能源装机占全网统调发电总装机容量的 22.5%，成为推动宁夏经济社会发展的重要动力。

近年来，宁夏电网新能源电力迅猛发展，风电并网容量连续翻番，光伏装机年增长率高达 627%。面对新能源的快速发展，国网公司坚持以支持清洁能源发展为己任，扎实抓好风电场、光伏电站并网基础管理工作，开展新能源输电规划研究，探索新能源并网技术，加快配套送出工程建设，努力挖掘清洁能源消纳及外送潜力，从规划、并网、运行、交易等多个方面实现新能源的“优先调度、最大消纳”。

国网公司积极推进坚强智能电网建设，争取电网项目与电源项目同步开工、同步建设与同步投产，先后建设5座330kV新能源集中接入变电站工程，满足新能源项目的接入要求，确保核准的新能源全部按计划顺利并网；加强并网服务，组织编制《宁夏电网新能源并网调度服务指南》，在OMS系统平台开辟网上绿色通道，明确新能源发电企业并网各环节工作内容及节点流程，实现了主要业务网上运转、关键环节网上管控、重要信息网上查阅；提升技术装备，完善调度自动化系统，将风电、光伏运行关键信息纳入电网实时监视，实现新能源场站监视信息接入率100%，建成宁夏电网风光一体功率预测系统，全面推进新能源场站功率预测子站建设，开发新能源有功控制功能，最大限度提高设备利用率；结合并网风电场运行实际，全面推进风电场反措整改工作，风电并网安全运行水平显著提高；实施优先调度，将新能源电力纳入电力、电量平衡，依据年度投产计划、新能源接入情况及功率预测系统，编制风电、光伏的年、月、日及日内滚动计划，开发含风电、光伏间歇式新能源的调度计划决策系统，相继完成罗山地区稳控系统、月亮山风电场稳控系统，提升新能源电力送出能力；开展外送交易，在分析宁夏电网风电运行特点和交易模式的基础上，进行外送风电配额采购交易，实现新能源在更大范围的优化配置。

2014年，宁夏电网预计还将新投风电容量约120万kW，新投光伏发电容量约25万kW。国网宁夏电力公司将继续深入研究新能源发电特性，持续优化运行控制策略，通过技术创新、管理创新不断提升管理水平，为新能源并网和消纳提供优质服务。

第五节　“互联网+”微电网

一、微电网介绍

自1999年美国可靠性技术解决方案协会（the Consortium for Electric Reliability Technology Solutions，CERTS）首次提出微电网的概念以来，微电网技术不断得以发展。至2005年前后，进入规划和示范应用发展阶段，美国、欧洲和日本等国家纷纷开始示范应用工程建设。而自2010年前后开始，微电网技术开始趋于向智能化方向发展，实现配电和用电的智能化渐成智能电网研究的重点。通过将先进的信息技术、控制技术与电力技术相融合，升级电力基础设施，鼓励用户互动管理，高效利用新能源，从而实现电力、资源、环境和经济的可持续发展。目前，微电网技术发展的另一个重要趋势即是微电源、储能及负荷的优化运行，主要解决允许双向潮流控制模式下电网的运营成本问题、多目标和多约束条件下的微电网经济运行问题等。

在微电网的智能化和微电网系统优化运行的趋势带动下，微电网相关控制技术、微电网的稳定性、微电网的建模仿真技术及微电网的继电保护技术逐渐成为研究热点。

（1）微电网运行控制技术及控制策略。目前，已经形成3类经典的微电网控制方法：基于电力电子技术“即插即用”和“对等”概念的控制方法；基于能量管理系统的控制；和基于多代理技术的微电网控制。欧洲在2005年时即提出了微电网逆变电源的控制策略：PQ（定功率）控制策略和电压源型逆变器（Voltage Source Inverter，VSI）控制策略。经过近几年的发展，VSI控制策略逐步由单台VSI发展为多台VSI，即提供参考电压和频率的逆变电源由一台变为多台，从而进一步提高了微电网接入大电网的安全性和可靠性。

（2）微电网的稳定性。当前，对微电网稳定性的研究多集中于小扰动稳定性分析，研究手段大多为用状态空间法对微电网系统建模，在平衡点处线性化后求出状态矩阵的特征根来进行稳定性判定。并由此衍生出基于概率理论的稳定分析算法，如点估计法。此外，现有研究大多针对微电网自身稳定性而未涉及微电网与配网稳定性的相互影响。

（3）微电网的建模仿真。微电网的建模仿真主要集中于微源本体建模和逆变器等电力电子接口建模。从工具上来看，以MATLAB/Simulink和PSCAD/EMTDC为主。也有学者从较新的视角针对微电网某一专题采用多学科手段建模，如将风电、光伏出力用概率分布进行表征，并采用蒙特卡罗法对微电网供电可靠性进行分析；借助负荷建模理论，利用元件的相似性对微网整体建模，也是一种新颖的研究思路。

（4）微电网的继电保护。目前的研究趋势主要包括：①在传统方法上融入人工智能技术和新型暂态保护原理，以提高对方向信息的敏感性保护；②基于分层分区或多代理思想的多级保护体系设计；③直流微电网保护设计。

微电网是规模较小的分散的独立系统，它采用了大量的现代电力技术，将燃气轮机、风电、光伏发电、燃料电池，储能设备等并在一起，直接接在用户侧。对大电网来说，微电网可被视为电网中的一个可控单元，它可以在数秒中内动作以满足外部输配电网络的需求；对用户来说，微电网可以满足特定的需求，如增加本地供电可靠性、降低馈线损耗、保持本地电压稳定、通过利用余热提高能量利用的效率及提供不间断电源等。微电网和大电网进行能量交换，双方互为备用，从而提高了供电的可靠性。

中国发展微电网的原因很多，包括发展可再生能源发电的形势要求、电力系统自身发展的需求以及提高电网抗灾能力的迫切需求，有利于促进农村电气化以及改善环境等。

在我国发展微电网，需要针对中国电力系统的特点，结合其不同区域的具体需求提出针对性的解决方案。中国的微电网按照其运行特点主要分为城市片区微电网和偏远地区微电网（农村微电网、企业微电网）。

城市片区微电网按居民小区、宾馆、医院、商场及办公楼等建设，该类微电网在并网时主要通过大电网供电，而大电网故障时则与之断开进入孤岛运行模式，以保证重要负荷的供电可靠性和电能质量，多接在10kV中压配网，容量为数百千瓦至10MW等级。

偏远地区微电网并网时与外网功率交换很少，基本通过当地微电源供电，微电网故障时可利用大电网作为启动备用电源。偏远地区微电网包括农村微电网和企业微电网。目前，中国在农村、草原等偏远地区仍有大量人口没有供电，这些地区电力需求较低，将电力系统延伸需要很大的成本，适用于以较低成本利用当地可再生能源为用户供电。农村微电网一般接在400V低压配电网，容量在数千瓦至数百瓦，用于解决当地用电需求。企业微电网一般接在10kV中压配网甚至更高，容量在数百千瓦至10MW，一般分布在城市郊区，多利用传统电源满足企业内部用电需求，常见于石化、钢铁等大型企业。

二、应用解决方案

作为新型的智能化电能服务网络，微电网通过创建开放的信息系统和共享的信息模式，可以高效整合微电网系统中的数据，优化电力基础设施的运行和管理，促进与用户的互动。由于微电网系统整合了信息、控制及通信等方面的技术来动态管理电网供需，它能为各类需求侧响应方案的成功实施提供强有力的技术支持，并将促使需求侧响应的发展提升到新的层次。微电网与传统电网的一个重要不同点就是微电网尤其强调与用户的互动，包括信息互动与电能互动，而互动性主要是通过部署各类需求侧响应方案来实现的。

在信息互动方面，主要体现在供需之间的信息交互。需求侧响应实施单位可以及时收集、统计与分析用户的需求，并在电网运行中动态整合用户信息，以增强系统的安全、可靠与经济运行能力。用户也可以及时了解电网的实时动态，并在参与需求响应项目时安排合理的用电方案和响应策略，以更好地管理、优化、节约，监控电能使用。

在电能互动方面，主要体现在供需双向互动供电。在传统电网中，供需双方的界定和划分是以用户计费电表为界限：计费电表以上为供应侧，计费电表以下为需求侧，即用户计费电表就是供应侧的终点与需求侧的起点。而在智能电网中，借助于具有双向计量与通信功能的高级计量系统，用户也可以向电网供电（如参与分布式发电项目的用户在系统高峰期向电网供电），这也打破了传统的电能供需双方划分方式。

微电网建设过程中，会涉及如下一些基础系统建设，如高级计量基础建设（Advanced Metering Infrastructure，AMI）、配电运行系统、资产管理系统等。在这些系统中，信息技术在支持需求侧响应和促进微电网与用户的互动方面起着最为关键的作用。通过信息技术建设，可以改进的内容有客户服务、停电管理、窃电监测、远程连接 / 断开用户、电能质量管理、负荷预测、远程改变计量参数、远程升级仪表固件、支持各类需求侧响应项目、与水表或天然气表接口、预付电费购电、电价高峰 / 紧急事件的通知等。可以看出，微电网环境下的需求侧响应建设的主要技术手段是通过信息化建设实现的，以 AMI 为核心的信息化体系构成了需求侧响应相关的智能微电网的主要部分。

微电网技术与需求侧响应项目是协调推进、相辅相成的，二者的协作可以产生多方面效益并有利于促进多方共赢。具体表现在以下方面。

（1）激励用户主动参与需求侧响应项目。微电网环境下，运营商将用户设备和行为融入电网的设计、运行与通信中，因而能有效提高用户参与 DR 项目的积极性以及参与过程中的决策能力。针对各类需求侧响应项目，用户能更直观地理解实时电价等需求侧响应项目的理念，并根据自身用电特性与风险喜好来作出最合适的选择。智能电表与双向通信系统让用户能及时了解实时的系统电价、系统负荷与自身负荷等信息，用户也可以利用相关的决策支持系统来制定各个时段的合理用电计划和响应策略，以管理和优化用电成本。参与部分需求侧响应项目的用户需要对电价变化作出快速响应，而具有自动响应功能的 AMI 可以让用户不必去频繁地观察电价变化或者手动用电调整，这可以给用户带来极大的便利。改进的客户服务则让用户能更准确地了解参与需求侧响应项目的收益。另外，需求侧响应项目的推广还可以鼓励用户通过投资高能效（Energy Efficiency）的用电装置来提高用电效率和节省用电成本。

（2）优化需求侧响应项目管理与微电网运行。需求侧响应实施机构可以利用广泛、无缝、实时的智能电网技术，对需求侧响应项目进行智能化管理，并对电网运行情况进行智能监控与诊断。结合先进的计量与通信技术，需求侧响应实施机构可以进行远程用户管理（如及时准确地获取各用户的实时用电与电费信息），以节约人力成本和提高工作效率；通过结合先进的分析技术、控制策略，可以在系统出现电价高峰 / 紧急情况之前进行预警，向参与用户的智能设备发送需求响应项目指令（如调整参与项目的用户的智能恒温器温度设定值）。实时诊断技术可以对用户的用电设备与电网重要元件进行动态监视和诊断，并对紧急情况作出快速响应，以有效改善停电管理流程和提升需求侧响应项目的客户服务水平。通过将需求侧响应资源引入到能量市场、容量市场以及辅助服务市场，需求侧响应实施机构可以灵活运用多元化的资源选择来优化电网运行，并分别从可靠性、环境友好、运行效率与经济性等方面来提升电网性能。集成了先进传感与量测技术的智能电表也可以提高资产管理效率，比如提供更充裕的电能、改进负荷率和降低系统损耗。

（3）促进电力市场的发展。借助微电网先进的市场分析工具与智能调度系统，需求侧响应项目可以在不同时间尺度上（从年度系统规划到实时市场调度）协调市场定价与系统调度管理。通过在供给侧增加发电途径、在用户侧结合需求侧响应资源、分布式发电（Distributed Generation，DG）与储能装置，可以将供需两侧的各类资源充分引入到综合资源规划中，有利于推迟发电、输电、配电等基础设施的升级和实现电力资源优化配置，并降低系统运行对环境的影响。开放的市场准入机制和市场参与者选择权的放开将为各市场参与者提供更多的选择与获益机会，并将极大地促进竞争性电力批发 / 零售市场的发展和形成公平合理的市场电价。通过建立包含供电服务商和用电服务商的次级电力市场，可以孕育新的交易产品与服务。

（4）兼容各类发电方式与新技术。风能、太阳能等可再生能源具有随机性与间歇性特点，随着可再生能源发电（Renewable Energy Generation，REG）的大规模部署，系统的安全稳定运行将面临严峻挑战。为了提高分布式能源的利用率并使其能更安全可靠地接入电网，可以利用其他发电资源或储能装置配合分布式能源的运行（如风水互补系统）。需求侧响应资源可以灵活部署和迅速替代发电资源，因而基于微电网中先进的传感与控制技术，利用需求侧响应来配合新能源发电运行以降低分布式能源的波动性是在技术上与经济上都极佳的解决方案。智能电网采用“即插即用”的简化互联方式，不仅可以与各类发电方式和储能装置实现无缝衔接，还可以支持多种新技术应用的接入。用户在参与需求侧响应项目时，也可以更容易地决定投资和安装何种分布式发电设备（如屋顶太阳能光伏发电、小型冷热电联产系统）或储能装置 [如插件式混合动力电动汽车（PHEV）]，并根据实时电价信息来决定何时启动或关闭这些设施（如在电价较高时断开电网供电并启动分布式发电设备、在电价较低时将 PHEV 接入电网充电），以充分发挥各类需求侧资源在削峰填谷方面的积极作用。另外，通过调用本地资源也可以提高能源独立性与安全性。智能电网还能促进电力供需的双向互动供电，用户在安装智能电表后，可以向电网出售电能、储能装置等的富余电力。

三、建设案例

根据《北京市延庆县新能源微电网规划研究》内容，延庆新能源微电网将建设总量 3000MW 新能源微电网基地。其中，光伏发电 1400MW，风力发电 600MW，燃气热电联供 1000MW。并且建设分层分布式新能源微电网，403 个分布式新能源微电网，20 个中级微电网乡镇级，3 个区域新能源微电网，1 个县级新能源微电网调度中心，2 个新能源集中外送通道。综上可见，延庆新能源微电网将会是一个新能源构成复杂、规模体量较大的智能电网系统。

传统电力系统中的需求侧集成措施主要目的在于将负荷需求曲线平滑化、尽量减少启停大型火力发电设备的频率，因此其表现形式可大致归纳为削峰和填谷这两类。然而在一个微网中，可控的分布式发电设备在调度时面临的需求曲线并不只取决于本地的负荷水平，而是由负荷与间歇式可再生能源的需求 / 供给净差值决定。

因此微网中的需求侧响应应用方案与传统的“峰”“谷”两段式响应相比，具有更高的不确定性，并对负荷与可再生能源的预测精确度有更高的依赖性。举例来说：一个传统的需求侧响应方案会告诉某一消费者在晚 12 点而不是下午 6 点使用洗衣机会省下一笔电费。

从微电网运营策略角度出发，延庆微电网需求侧响应建设可根据目标负荷的重要程度，将微网内需求侧响应的负荷对象分为两类。

一类是可推延负载，一般指一个在一天内可灵活进行时间安排的任务（即投切后其能量需求要在同一天内更晚的时间得以满足）。典型的应用包括水泵、电热水炉等设备。

另一类是可中断负荷，一般指重要性相对不高或常年存在的恒定负载，因此可以在紧急情况下减少 / 供应其功率或直接切断其电力供应。典型的应用包括备用设备（没有近期使用计划）和日间照明等。

微电网中的可推延 / 可中断负载可以通过自愿或经济补偿的形式来履行其需求侧响应的目标，而在后一种情况下其补偿费用可以作为电费的一部分减免项目，或直接在本地电力平衡市场作为一个服务项目进行交易。

未来的配电网负荷将可以根据其特性与重要程度分为正常（不参与需求侧响应）、可推延、可中断这 3 个类别。因此微电网中的“智能家庭”“智能办公室”和“智能农场”等用户侧供电方案将需要能提供这 3 种不同等级负荷的本地区分与管理控制方案，从而最大化需求侧响应所能带来的好处。

这样，微电网将面对多台多种可控的分布式发电设备和多台储能设备，以及多组参与到需求侧响应方案中来的不同等级可控负荷，从而形成微电网体系的资源一体化优化。同时如果该微电网中一部分可控发电设备还长期运作在热电联产模式下的话，该资源优化问题还需要同时优化电系统和冷热系统两方面的运营状态。需求侧响应方案会涉及整个微电网多种能源的控制、运行以及管理等多个层面。

与传统的输电网相比，在微电网的系统框架之下位于微电网内的分布式能源运营商可以向微电网用户提供全面技术服务和增值服务，与用户之间的联系更加紧密，所有这些都讲基于微电网中各电力环节的信息采集和分析。在延庆新能源微电网建设过程中，实现了以下功能应用。

（1）实现微电网各个电力环节电能信息一体化采集、监控、集成和综合应用。通过智能表计、一体化实时远程监控、在线能效评估和优化决策，能够随时了解用户用电详情，并通过经济、技术手段指导用户合理用电。

（2）针对大工业和商业用户开展智能用电管理与服务，并将此项业务逐步推进到居民用户。通过可中断负荷管理和直接负荷控制等简单方式开展系统紧急状态的需求侧响应方案，吸引能够改善系统可靠性的负荷响应资源参与到系统的可靠性管理。同时分布式能源运营商可依托用电信息系统优势，为工商业用户用电信息提供一系列能效增值服务。例如能效评估，行业对标，合同能源管理等。在提高微电网用能效率的同时，为园区用户实现节能减排的目标。

（3）通过需求侧响应项目推动家庭智能管理系统、智能楼宇、智能家电、智能交通等领域的技术创新，支持用户使用分布式电源，改变终端用户用能模式，使用户不仅具有充分的选择权进行供电服务商的选择，而且可以以需求侧报价的方式从电网中买入或向电网出售电能，提高能源利用的市场性、独立性和安全性。智能楼宇作为微电网园区建设的子系统，在需求侧响应项目中起到重要作用。通过楼宇能效管控，结合分布式能源和储能设备，对平滑电网峰谷负荷具有重大意义。

（4）构建能量一体化优化平台，综合优化发、输、用电及储能环节。结合多种类型分布式能源特性，包括多类型储能装置的互补机制和协调控制，考虑经济效益对比，提供微电网系统可靠性，促进可再生能源利用和消纳。

此外，更多的信息技术和通信技术可以应用到需求侧响应项目中，例如云计算、物联网和大数据分析技术等。这些先进的IT技术为需求侧响应项目的数据采集，分析和挖掘提供必要的技术支撑，也为延庆新能源微电网探索智能电网发展、创建微电网商业运营生态环境点明思路。

第六节　“互联网+”用电服务

一、背景介绍

随着三网融合国家战略的推进，传统的接入方式已经不能满足人们对网络带宽需求的增长，人们热切期盼光纤进入家庭时代的到来。随着智能电网建设深入推进，大量智能用电设备及分布式清洁能源的接入，用户和电网之间的交互信息呈爆发式增长，需要借助光纤通信完成海量信息的传送。电力光纤内含多芯光纤，除电网企业自身使用外，还可用于构建完全开放的公共光纤网络平台，为电信“互联网”广播电视传媒和其他企业提供接入服务。同时，电力网的优势资源（如铁塔、电杆、沟道、路由、通道及其他）可以成为通信网络的公共资源，通信网络线路的架设、运行、维护和管理可以同步完成，电力网络资源获得再利用和增值使用，实现国家基础设施的优势互补和资源共享。

在政府主导下，电力公司完全可以与公网运营商、广电运营商等共同搭建最后一公里“开放式”光纤网络平台，分摊设备投资，实现互利共赢。

从目前电力光纤到户运营实践看，合资成立商业运营公司模式取得了良好的效果。由政府主导，电力、三大电信运营商、广电运营商等多方共同出资成立商业运营公司，作为新型公共服务平台的运营主体，运营主体向运营商提供光纤平台并收取平台维护费用，此外还能自主开展小区内的没有资质限制的信息服务以及广告业务等，收益按照各方出资比例进行分配。

二、方案介绍

电力光纤到户是指在低压通信接入网中采用光纤复合低压电缆，将光纤随低压电力线敷设，实现到表到户，配合无源光网络技术，承载用电信息采集、智能用电双向交互、“三网融合”等业务，可实现电表、水表、煤气表信息的远程采集，家居智能用电分析与控制，太阳能、风能等绿色清洁能源的应用，以及用户、供电区与系统之间的信息互动等功能。电力光纤到户解决了信息高速公路的末端接入问题，可满足智能电网用电环节信息化、自动化、互动化的需求，在提供电能的同时，实现互联网、广播电视网、电信网的同网传输，为用户提供更加便利和现代化的生活方式。

电力光纤到户建设工程是智能电网的重要组成部分，建成后，住户将实现电力网与互联网、广播电视网、电信网的相互融合，用户还可借助小区内的电力光纤网络实时获取用电信息，掌握家庭用电规律，同时还可以实现共享用电数据并对其进行分析处理，选择科学合理的用电策略。同时电力光纤到户还延伸出来多样化的智能小区和智能增值服务，如水气表远程集中抄收、视频点播、电子广告、社区信息发布等多项社区服务，同时还支持安防、医疗、社区物业管理等系统接入互动。

在传统的电力系统中引入光单元来实现集电力传输网、广播电视网、计算机通信网和电信网为一体，通常称为“多网融合”。“多网融合”已成为多国研究的重要课题。2010 年，我们国家相关单位也出台了数个城市的试点工程。考虑到现代化农村、智能别墅区、高档写字楼和高层居民区住宅楼的分布状况和用户类型，项目中将原有光纤到户建设中使用的 PON 技术加以引入并改进，建立了一套“多网融合”的 PFTTH 方案。智能电网通信网络包括接入网和核心网，PFTTH 处于整个网络中接入网的位置。PFTTH 利用 OPLC（光纤复合低压电缆）中的光纤媒质连接用户和通信局端。系统主要由光线路终端、光网络单元和光分布网络 3 大部分组成。在组网过程中考虑到用户分布状况和用户类型，现划分为农村、智能别墅区和高层居民住宅区、商住写字楼等的 PFTTH 实现方案。

方案一：考虑到电力电缆供电半径不超过 1km，所以在光 - 电机房内光信号进行一级光功率分配。光纤数量和电力单元根据用户量进行选配。光纤复合电缆中光单元从光 - 电机房出来后只分纤不分光，农村、智能别墅区和高层居民住宅区、商住写字楼等各段根据用户数量匹配光纤，而电力单元根据用户电量需求选配。

方案二：充分考虑PON技术的优点，光分路器在各段进行灵活应用，可以采用一级或二级分光。具体分为以下几种情况。

（1）农村PFTTH需考虑农村用户较多，且分散性大。电力系统方面单个家庭适用的载流量不是太大，导线截面积相对较小；而光单元方面单个用户所需带宽不是很高。基于以上原因，光信号在光-电交接箱中进行一级分光、而在光-电分线箱中进行二级分光后采用入户用光纤复合电缆进入单个家庭。

（2）智能别墅区PFTTH与农村PFTTH类似，只是考虑到智能别墅区电力电缆的载流量和设备类型多样化，入户用光纤复合缆可能会用到三芯。

（3）高层居民住宅区PFTTH由于用户较集中，在光-电交接箱中出来后进入高层楼房内光-电分线箱，在光-电分线箱内进行一级分光后引出入户用光纤复合电缆。在完成配网后，根据电力配网三相平衡的原则，并结合用户类型，采用入户用光纤复合电缆至各用户单位。其中，入户方案有以下两种。

小高层入户方案一：由光-电分线箱引出入户用光纤复合电缆至每个家庭。

高楼入户方案二：由光-电分线箱分相引出配网用光纤复合电缆至楼层分线盒，再由分线盒引出入户用光纤复合电缆至每个家庭。

三、应用案例

丰台区建邦枫景小区电力光纤入户试点工程竣工投运标志着北京电力公司2011年电力光纤入户试点工程的完成，朝阳中弘像素小区和丰台建邦枫景小区7000余户业主将有望享受电力光纤带来的智能用电生活。

作为国家电网公司智能电网的试点单位，按照统一坚强智能电网工作重点项目实施方案，北京电力公司积极开展电力光纤到户试点工程，选取朝阳供电公司和丰台供电公司作为试点实施单位，对朝阳中弘北京像素小区和丰台建邦枫景小区共计7000余户居民开展试点建设，力求通过电力光纤到户实现用电信息采集和三网融合业务。

此次工程共涉及小区10kV开闭站2座，10kV配电室11座。据朝阳公司负责该工程的专工介绍，入户光缆的源头是10kV开闭站，由10kV开闭站到10kV配电室，再到楼宇派接室，最后分别接入用户电表和用户家中。在电力光纤入户试点小区中，电力公司安装了智能电表约7000块，全面覆盖小区用户。借助电力光纤等技术，实现小区居民用户的“全覆盖、全采集、全费控”，电能表在线监测和用户负荷、电量、计量状态等重要信息的实时采集，为用电信息采集工作提供了数据基础，有效推动了智能电表的推广应用。

借助以太无源光网络技术（EPON技术）及光纤复合低压电缆（OPLC），电力公司构建了电力高速数据网络平台，可实现利用电力光纤通道提供数据、语音、视频业务的相互融合，客户将享受到更加高速、可靠、便捷的网络服务。

同时，基于光纤复合低压电缆的电力光纤到户建设作为坚强智能电网的基础支撑平台，电力公司还初步建成了公共服务基础平台，可为用户提供智能用电、智能家居、视频点播、新闻资讯、家庭安防、社区服务、物业服务等增值服务，为公司开展智能电网用电环节业务提供了一个深入到用户的高速、实时、可靠的网络。

目前，在朝阳中弘北京像素入驻的500余名业主中，已有200户开通了以电力光纤通道为载体的网络、数据服务业务，300余户已经申请报装开通，已开通业务的业主普遍反映，网络的网速和稳定性都有了极大提高。随着公共服务基础平台不断完善、三网融合技术不断提升，业主还有望享受到智能电网用电环节业务的增值服务，电力光纤入户将实现电网与用户之间实时交互响应，为用户带来便捷、智能的用电生活。

第七节 "互联网+"信息安全

一、信息专网概述

根据国家电网规划，2014年年底用电信息采集系统覆盖率达到100%，对直供直管区域内所有用户实现"全覆盖、全采集、全费控"。通过对各类终端用户的用电数据的采集和分析，实现用电监控、推行阶梯定价、负荷管理、线损分析，最终达到自动抄表、错峰用电、用电检查（防窃电）、负荷预测和节约用电成本等目的。建立全面的用户用电信息采集系统需要建设系统主站、传输信道、采集设备以及电子式电能表（即智能电表）。

作为用电信息采集基础的电力通信网络也越来越受到重视，各大电力公司不断加大通信网络的建设力度，为持续发展的"全覆盖、全采集、全费控"提供高质量的网络通道。

目前，用电信息采集远程信道以有GPRS/CDMA无线公网为主，部分地区开展EPON光纤网络试点应用。无线公网存在数据丢包率高、采集成功率低等问题，同时用电信息数据与公众通信承载在同一网络中，存在信息安全隐患。另外，采用公网面临着长期、高昂的信道租赁费用。EPON光网存在以其传输速率高、容量大、网络时延短等优势，但是光纤作为有线通信方式的一种，同样存在线路部署成本高、建设周期长、线路易受破坏和故障定位困难等缺点，尤其是在面对数量众多、零散分布的用电信息采集终端时，需认真考虑部署成本、投资效益和维护工作量。

无线专网网络以其特有的部署灵活性、易扩展和建设周期短、成本低等优势，可以作为光纤骨干网络的有效补充，更适用于零散分布的配用电业务数据的接入。

1.LTE230 系统介绍

TD-LTE230 电力无线宽带通信系统（简称 LTE230）是北京智芯微电子科技有限公司为满足智能配用电网业务通信需求而定制开发的无线通信系统。该系统从智能配用电网的业务特点出发，基于电网现有的 230M 离散频点，采用先进的 TD-LTE4G 技术研制。系统具备电力业务所需的广覆盖、大容量、高可靠、高速率、实时性强、安全性强、频谱适应性强、灵活易扩展等特性，可以广泛地适用于电力配用电业务数据的承载，为用电信息采集、负荷控制、应急抢修等各类业务提供完善的无线通信解决方案。

LTE230 目前在国家电网、南方电网、石油等行业中建设了多张无线专网。该系统同时承担多项国家部分重大专项，同时基于该系统开展了行业相关标准的制定工作。

电力系统在配用电环节存在网络拓扑复杂、变化快、终端节点数量和种类多、空间分布广等实际情况。配用电网的区域差异和业务的多样性决定配用电通信网需要采取多种通信体制，LTE230 电力无线宽带系统的定位是作为光纤骨干网络的延伸和补充。主要的应用场景有 5 个。

1）山区公网无覆盖且有线网部署难度大的区域；

2）老旧城区有线网建设难度大的区域；

3）市政建设频繁区，有线网覆盖无法应对不断变化的建设需要；

4）地下室无公网信号区域；

5）偏远无公网信号区域。

2.LTE230 系统构成

LTE230 电力宽带无线通信系统主要由无线终端 UE、无线基站 eNodeB、核心网 EPC 及网管 eOMC 构成。

（1）无线终端 UE。LTE230 系统的无线终端模块，直接与集中器、负控终端、配电自动化终端等电力终端设备通信。终端与监控单元能够无缝连接，即插即用。

（2）无线基站 eNodeB。LTE230 系统的无线基站，能够接入多路用户。包括固定基站以及移动基站（车载）。每个基站单个扇区最多可接入 2000 个电力数据用户。

（3）无线核心网 EPC。LTE230 系统的核心网，负责终端认证、终端 IP 地址管理、移动性管理等，直接连接智能电网主站。通过核心网，电力终端能够完成数据采集、视频监控、调度指挥、应急抢险等功能。

（4）网管 eOMC。LTE230 系统的网络管理单元。主要包括两部分内容：网络状态监控和设备运维。该中心支持对现存的电力信息管理进行融合，并能利用各种多媒体手段，GIS 技术，完成统一集成的多媒体调度指挥系统。

3.LTE230 系统特点

（1）覆盖广、信号绕射能力强。针对行业无线专网覆盖面积大、覆盖区域广、单位面积投资成本低的要求，LTE230 系统为用户提供了广域低成本覆盖解决方案，有效解决行业用户的无线通信需求。

由于选择了 230MHz 频段，LTE230 系统具有优秀的覆盖能力，密集城区覆盖可达 3km、郊区覆盖可达 30km。同样由于频点低，LTE230 系统具有较强的绕射能力，实现阴影区甚至地下室的信号覆盖。

（2）安全性高。电力系统的信息安全是智能电网的关键。LTE230 系统的加密机制遵循 LTE 规范，实现 3GPP 最严格的加密鉴权机制。

LTE230 从系统设计、网络结构、用户安全层等方面充分借鉴当代最先进的技术成果，能够完整实现多级鉴权、数据加密、NAS 信令加密；满足无线通信系统安全传输的需要，同时系统支持用户端到端密码设备，保障用电信息的端到端加密传输。系统可更换成电力等行业专有加密算法，满足行业信息安全要求。

第七章　智能电网与电动汽车中的电力电子技术

随着信息技术的发展，人们越来越重视环保与智能信息化，智能电网与电动汽车充电站应运而生。智能电网摒弃了现有刚性电网的某些缺点及劣势，具有强大的信息网络，更经济与优化，具有显著先进性。近年来，随着新能源汽车的快速发展，电动汽车在全球范围内销量持续增长，有力带动了电动汽车充电站的发展步伐。在世界各地，电动汽车充电站纷纷涌现，对电动汽车的进一步推广普及起到了积极的推动作用。我国电动汽车产业已进入快速发展新阶段。为适应电动汽车产业的迅猛发展，近年来，中国各地纷纷建立电动车充电站。

第一节　电动汽车充电站发展现状与结构

随着电动汽车的逐渐研制、开发和应用，智能电网的电动汽车充电站也应运而生，电动汽车产业化已经逐步展开，正向大众推广。该类电动汽车充电站可以沿街设置，由智能电网系统联合控制，实现城市中全充电站联网，实现资源的优化配置，安全性及环保性均优于汽车加油站。充电站中设置有一定数量的充电设备，如充电桩等，方便于每个电动汽车的充放电。在电网自动化技术的应用与通信技术等综合运用下，电力设备的损耗将大大降低，电网控制更方便、灵活，并能满足电动汽车充电设施接入的要求。因此，实现充电站的实时信息通信联网，实现智能电网对充电站的负荷管理、储能控制，并且改善电网负荷特性，提高电网负荷率，是目前需研究探讨的问题。

充电站不只提供充电模式，更应有相应的换电模式。所谓换电，就是花更短的时间为电动汽车换上另一组电池。对于有时间限制的驾驶者，汽车充电需要花费较长时间，于是，换电的方式更受欢迎，更具有符合现状的现实价值。同时，对于高油价的现状，随着电动汽车的出现，倡导低碳与环保的太阳能充电站也将应运而生，它的推广与普及是未来资源节约型社会的大势所趋。

电动汽车充电站是保障电动汽车正常使用的能源基础服务设施，其建设数量的多少、布局的广泛程度会对电动汽车的应用范围产生重要影响，也是电动汽车能否实现大规模产业化及商业化应用的关键。国内外很多电力企业、汽车企业和研究机构对充电站的研究和建设都非常重视。

一、电动汽车充电站发展现状

（一）国外电动汽车充电站建设现状

1. 欧洲

2014年以来，欧洲各国充电设施建设取得了较大进展。据英国低排放车辆办公室（OLEV）调查显示，当前英国超过850h的电动汽车购买者是受到了政府购车补贴政策的影响。截至2015年4月，英国政府和有关企业合作在全英3180个地点建立了8096个充电点，其中901个为快速充电点，基本建成了覆盖主要城市的充电基础设施网络。法国建成了约8600个充电桩（EVI 2014年底统计数据），并计划未来3年内在现有充电网络基础上增加16 000个充电桩（预计投资8000万至1亿欧元）。德国也在主要停车场所安装了4800个交流充电桩和100个快速充电桩（其中80%为整车厂和电力公司合作建设），并计划严格落实欧盟《替代能源基础设置建设指令》，在2015年大力扩建充电基础设施。

除了欧盟各成员国自行发展电动汽车充电设施外，在盟委员会框架内，欧洲交通运输执行局（TEN-T）也建立了专项资金对重要交通基础设施项目进行支持。2015年TEN-T重点支持了五个示范项目，分别是丹麦全国快速充电网络升级项目、欧洲电动汽车长途充电走廊项目、北欧公路走廊项目、法国快速充电网络项目及中欧绿色走廊项目。TEN-T向这些项目提供总投资50%的支持资金以加速欧盟充电网络的形成。

（1）丹麦全国快速充电网络升级

欧盟TEN-T投入支持资金，帮助丹麦改造国内部分充电站，使之符合欧盟标准要求，并实现与其他欧盟国家的充电兼容性。这样一来，来自欧洲各地不同类型的电动汽车可以自由地在丹麦通行，该项目的实施不仅可以帮助丹麦改善国内的充电基础设施，并且可以通过实践积累相关的数据以提供给其他有同样需求的国家参考。

（2）欧洲电动汽车长途充电走廊

该项目旨在建立一个开放的快速充电走廊，连接瑞典、丹麦、德国和荷兰，以使这些国家之间做到“绿色”出行。该试点项目将沿着高速公路安装155个快速充电器，其中荷兰30个、丹麦23个、德国35个、瑞典67个。这条充电走廊的建设，将会形成有益经验，帮助欧洲其他区域建设类似的高速充电网络。

（3）北欧公路走廊

该项目投资超过100万欧元，站在消费者的角度研究消费者对电动汽车、充电基础设施及配套服务的接受程度。项目主要针对瑞典南部、丹麦和德国北部等北欧地区部分高速公路充电设施开展研究，证明电动汽车使用的主要障碍是缺乏便捷的充电站。

（4）法国快速充电网络

该项目的总体目标是在短期内推进法国电动汽车销售，并围绕技术、环境和用户需求建立一个兼容性好的快速充电网络。具体有三个目标：一是在法国开展一个针对200个充电桩的现场测试；二是确保200个快速充电桩可兼容不同类型的汽车；三是开发和验证创新的商业模式以支持快速充电基础设施的安装。该项目的最终结果将大力向外宣传，并提供一个可行的路线图，以帮助欧盟其他国家建立可行的快速充电网络。

（5）中欧绿色走廊

通过项目的实施，建立一个跨境的快速充电网络，连接奥地利、斯洛伐克、斯洛文尼亚、德国和克罗地亚。这个充电网络将具完全的兼容性，支持不同国家的不同车型使用。该项目短期内将重点进行相关技术方面的准备，中期开展解决方案研究。

2. 美国

美国能源部在2009年至2013年实施电动汽车充电项目（EV Project），共建成约12 300个充电桩。紧接着在2013年最新发布了《工作场所充电计划》（Workplace Charging Challenge），目标是在未来5年，使工作场所的充电设施数量增长10倍，预计达到20 000个。

美国充电基础设施主要分布在东部和西部的沿海地区，截至2015年年底，全国公共的充电桩大约31 674个，为了便于充电基础设施的使用，充电设施运营商和汽车制造商等多家公司基于网络、车载终端和智能手机应用等多种形式，提供充电站的位置、数量、可用性和运营商等详细信息。

美国充电基础设施大部分是南充电设施专业运营商经营的充电站。其中，Charge Point是美国最大的充电基础设施运营商，截至2016年7月，该公司建设的充电桩数量为29 631个。美国充电收费并没有统一的系统和标准，各个充电站的收费不尽相同，通常包括会员费和充电费用（按充电时间收费或电量收费或包月收费），某些情况下可能还包括服务费、停车费和当地税费等。目前，美国多家充电设施运营商已经发起开放收费联盟，开始着手于后台信息、收费信息和不同充电设施供应商设备信息交流等方面的标准化内容。

在电动汽车推广应用的初期，由于尚未建立起完善的充电服务网络，因此，部分汽车制造商为配合其电动汽车的市场销售工作，也介入充电基础设施建设运营之中，比如：特斯拉、日产、宝马等公司。

3. 日本

日本政府十分重视电动汽车发展，其电动汽车产业发展及示范应用也早于其他国家。2010年，日本经济产业省公布《下一代汽车战略2010》，以国家战略的方式支持电动汽车发展，其中一个最为重要的板块就是《下一代汽车充电基础设施推广战略》。2014年，经济产业省在前期实践的基础上修订了充电设施推广战略，大幅提高了对充电设施购置经费的财政补助，并将充电设施建设费纳入补贴范围，以推动电动汽车的应用。2015 年年底前，包括地方政府、充电设施投资建设公司、汽车租赁公司、个人消费者等单位和个人，只要购买并安装了充电设备，都可以向经济产业省申请财政补贴。

经过长期的政府政策推动及以日产、丰田、本田、三菱等汽车生产企业的努力，2014 年，日本充电设施建设取得了较大进展。

一方面，代表日本充电行业的 CHAdeMO 快速充电器安装数量继续保持稳步增长态势。据CHAdeMO统计，截至2015年3月底，CHAdeMO快速充电站累计建设5735座，同比增长 50%（2014 年 3 月底累计建设 3816 座），其中日本 3087 座、欧洲 1659 座、美国 934 座、其他地区 55 座。这些充电器来自 CHAdeMO 认定的 49 家制造商。

另一方面，日本车企自主投资大力推动充电服务网络建设。2014 年 5 月 26 日，由丰田、日产、本田、三菱等四家汽车生产企业出资设立的新公司“日本充电服务公司（NCS）”正式成立，日本发展银行（政策性银行）为 NCS 提供“日本工业竞争基金”（四家车企各出资 21.35 亿元，日本发展银行出资 14.6%，注册资金为 1 亿日元，并积极招募充电桩建设单位）。NCS 的最终目的是为日本电动汽车驾驶员提供一个更加方便有效的充电网络。目前，大量的公共商业设施，如酒店、便利店地铁站、高速公路服务站、停车场等关键地点已经开始逐步安装电动汽车充电桩。NCS 将为纳入充电网络的充电桩提供相应服务。

政府财政补贴不能全覆盖的，NCS 将对差额进行企业补贴支持（合作的充电桩建设单位），以促进基础设施建设。具体来讲，是针对建设单位的建设费用，提供政府补贴差额 1/3 的企业资金补贴，如机体、施工等方面；并帮助建设单位承担一定的运营成本，如电费、运营开支等。以此来换取 NCS 对这些充电设施享有使用权，并对其进行统一管理。补贴对象为各地的公共充电设施，大致分成三类：（1）满足商业设施及住宅地点的“目的地充电桩”，即普通充电桩；（2）高速公路的服务区、停车场、道路沿线的便利店，以及车站等地点的“沿线充电桩”，即快速充电桩；（3）一些相应条件设施内设置的充电桩。

NCS 负责所有普通充电器及快速充电器（CHAdeMO）8 年的检修维护费用，充电设备的安装场所由相关站点来提供。同时，NCS 还将统一各类“充电卡”。四家汽车厂商将向电动车辆用户发行统一的充电卡，只用一张卡即可随时使用由 NCS 管理的所有充电设备。此外，NCS 还将提供会员服务，NCS 的会员不但可以随时使用任何充电器，还能将充电器的使用情况及充电进展等消息发送至智能手机上，以及时了解有空位的充电站点的信息。

（二）国内电动汽车充电站建设现状

2009 年 4 月，日产汽车与中国工信部建成合作关系。日产汽车为工信部提供电动汽车发展的相关信息，制定包括电池充电网络建立和维护、促进电动汽车大规模使用的综合规划。武汉成为日产汽车在国内推行其零排放汽车计划的首个试点。

2009 年 8 月份，国家电网上海公司投资建设的国内第一座具有商业运营功能的电动汽车充电站——漕溪电动汽车充电站顺利建成。这个项目历时 3 年，总投资 508 万元。

2009 年 12 月底，国内最大电动汽车充电站在深圳启用。由南方电网投资建设的首批两座电动汽车充电站和 134 个充电桩在深圳正式投入使用，其充电容量总计达 2480 千伏安。此外，位于福田交通综合枢纽换乘中心南出入口的电动汽车充电站也在紧锣密鼓地规划当中。按照规划，深圳共建各类新能源汽车充电站（桩）12 750 个。福田交通综合枢纽处的电动汽车充电站也在筹划中。

同年，中石化北京石油分公司与北京首科集团成立合资公司，中石化旗下加油、加气站将改建成加油充电综合站；中海油向天津力神电池股份有限公司投资了 50 亿元，生产电动汽车使用的锂电池，正考虑在全国建设电池更换站网络的可能性；中石油也与地方政府部门接触，提出建设电动汽车充电站的想法。

中投顾问在《2016—2020 年中国电动汽车充电站市场投资分析及前景预测报告》中指出，从我国充电站消费市场来看，以国家电网和南方电网两家代表性企业来看电动汽车充电站建设情况。国家电网是目前我国最大的充电桩产品采购方，2014 年国家电网新建成充换电站 218 座，配置充电桩 5000 台，到 2014 年年底国家电网充换电站总数为 618 座，充电桩总数达到 2.4 万台，占同期全国充电桩保有量（2.8 万台）的 85.7%。

2014 年南方电网的投资计划中已不再包括对电动汽车充电站的投资，这意味着南方电网将退出充电站竞争市场，仅作为充电站市场的电力提供商。国家电网则重新确立了充电为主的模式，从而实现了纠偏改向，也符合当前国际上的主要趋势。

1. 国家电网充换电站建设概况

在国家电网公司的《“十二五”电网智能化规划》中，国网公司规划，“十二五”期间建设 904 座充换电站和 23.3 万个充电桩，到 2015 年年末，在公司经营区域内建成 1000 座充换电站和 24 万个充电桩（口）。“十二五”期间，充电设施规划总投资为 217.1 亿元。

2011 年 9 月 28 日，2011 智能电网国际论坛上，国家电网公司总经理刘振亚先生表示，未来五年将新建电动汽车充换电站 2900 座和充电桩 54 万个，保障 80 万辆电动汽车的应用，到 2020 年将形成覆盖公司经营区域的电动汽车充换电服务网络。

2013 年 6 月 19 日，国家电网官方报刊《国家电网报》发表的文章《实施电能替代，发展绿色能源》中提到，“十二五”期间，国网公司计划建成电动汽车充换电站 3700 座、充电桩 34 万个。

计划在不断提高，在落实层面却产生了巨大的差距，根据《国网电网公司社会责任报告》(2014 年),截至 2014 年年底国家电网公司累计建成电动汽车充换电站 618 座,充电桩 2.4 万台。

2. 南方电网充换电站建设概况

2011 年 2 月 15 日的《21 世纪经济报道》报道《南方电网 10 亿布局深圳充电站》中提到，按照南方电网公司与深圳市政府的协议，到 2012 年，南方电网将在深圳建设 89 个充电站以及 29 500 个充电桩，预计总投资额将超过 10 亿元，将打造覆盖全市主要干道、居民小区、公共停车场以，慢充为主、中快充为辅的充电服务网络。根据《南方电网公司社会责任报告》(2013 年)，截至 2013 年底南方电网公司共建成充换电站 18 座，充电桩 3256 个。

两大电网公司对充电设备的计划与实际完成量都产生巨大差距，理由似乎非常充分，电动汽车没有发展起来，提前建设充换电站太多没有经济效益。对电动汽车厂商和消费者而言，充换电设施不完善，电动汽车不能方便充电，消费者不愿意买，电动汽车厂商也大都在糊弄事，为拿政府补贴生产只有 20 度电航程只有 120 公里的车型。

3. 中海油以电池租赁为主兼顾充电

2009 年 7 月，中海油斥资 50 亿元投向电动汽车锂电池生产商天津力神电池股份有限公司，支持其在天津新建 20 条电池生产线。2010 年，中海油与中国普天信息产业股份有限公司共同出资成立普天海油新能源动力有限公司，加快在新能源汽车电池、整车系统、充电站建设及运营等业务领域的步伐。

普天海油积极推进电动车电池更换站，发展电池租赁经营模式，不断扩大在全国范围内的服务网络。中海油目前的基本态度是运营电池租赁服务，兼顾充电，希望以此降低电动汽车成本，通过加大电动汽车推广，带动本身业务发展。

普天海油充电站项目总负责人表示,2010 年年底,普天海油会在 25 个城市中选 1—2 个城市来作为实施示范工程的试点，2011 年，普天海油会全力建设这个城市网。每 5 公里就要建一个站，把城市全部覆盖，就跟中国移动一样，不留盲区。

4. 中石化欲建四位一体新型加油站

面对虎口夺食的新能源汽车浪潮。2010 年 8 月，中石化董事长苏树林宣布，中石化将通过现有的加油站网络,发展电动车充电业务,未来将把传统加油站改造成油、气、电乃至非油品四位一体的新型加油站。

2010 年 2 月，中石化公司与北京市政府合作，共同推进纯电动汽车充电站基础设施建设，由其所属子公司北京中石化首科新能源科技有限公司(中石化首科)负责项目推进和运营。其模式主要是利用中石化现有面积较大的加油、加气站改建成加油充电综合服务站，并利用中石化遍布城乡的网络优势，逐步增加加油充电综合服务站的数量。

为解决纯电动车充电站运营成本问题，中石化首科计划采取，以油带电、油电结合的发展运营模式，即以油品经营来带动充换电业务的发展。中石化目前的基本态度是作为电网企业充电设施的重要补充，利用其现有的加油服务网络，积极参与充电市场：

2010 年 9 月 3 日，中国石化汽车行业技术合作中心和中国汽车技术研究中心举行了，加强产业融合，服务汽车时代的战略签约仪式。未来三年，双方将在技术研发、标准制定、产品应用等方面展开全方位的合作，携手推进石化和汽车行业的合作，共同实现两个行业的内涵式增长。

2011 年 10 月 14 日，中石化北京石油分公司副总经理王文联在北京表示，“十二五”期间中石化将在北上广深投资 8.7 亿元建设以充电模式为主的电动汽车充电站，建设 175 座充电站，同时中石化在北京的 580 座加油站中将会有 100 座加入充电设施。

5. 小结

在 19 世纪美国淘金热中，无数的淘金者涌现美国西部，其中一部分人发了大财，也有很多人白辛苦一场，为这些淘金者提供牛仔裤的商人却确确实实挣到了，并催生了如 Levi’s 这样的著名品牌。电动汽车和电动汽车充电设备的关系亦是如此，不论是纯电动车还是插电式双模车，不论是国产的还是进口的电动汽车，都离不开充电设备，我们相信在即将到来的电动汽车大潮中也必将产生充电设备著名品牌提供商。

截至 2015 年年底，我国已经建成充换电站 3600 座，公共充电桩 4.9 万个。为继续推动分布式电源和电动汽车产业发展，2014 年 5 月，国家电网公司开放了分布式电源并网和电动汽车充换电市场，鼓励社会资本进行积极投资。在分布式电源并网和电动汽车充换电市场方面，共实现分布式电源并网 5883 户、163 万 kw，新建电动汽车充换电站 218 座，“两纵一横”高速公路城际互联快充网络基本建成。

随着电动汽车迅猛发展，与电动汽车相配套的充电站正成为一种新兴产业，电网企业、石化企业、设备厂商等各种资本正竞相进入该领域。国家政策的有力扶持，技术标准的不断发展，我国电动汽车充电站行业发展潜力巨大，未来市场前景广阔。

我国新能源汽车市场持续爆发式增长，2015 年产销量突破 33 万辆，其中纯电动汽车达 14 万辆以上，已成为全球新能源汽车产销量最大的国家。新能源汽车产业链的不断完善带动了充电站和充电桩建设的稳步推进，据发改委文件规划，我国至 2020 年充电站和充电桩建设数量将分别达 1.2 万座和 480 万个，配套的储能设备需求将激增。

二、电动汽车充电站结构简介

电动汽车的充电可以由地面充电站（机）完成，也可以由车载充电机完成。地面充电站和车载充电机的主要功能是有效地完成电动汽车电池的电能补给，本文主要分析地面充电站的并网问题，因此仅就地面充电站的结构作简要介绍。地面充电站的结构按功能可换分为四个子系统模块：配电系统、充电系统、电池调度系统和充电站监控系统。充电站的功能描述如下。

充电站的功能决定充电站的结构。为此，一个功能完备的充电站需要配电室、中央监控室、充电区、更换电池区和电池维护间 5 个基本组成部分，基本功能如下。

配电室为充电站提供所需的电源，不仅给充电机提供电能，而且要满足照明、控制设备的需要，内部建有变配电所有设备、配电监控系统，相关的控制和补偿设备。

中央监控室用于监控整个充电站的运行情况，并完成管理情况的报表打印等。内部建有充电机监控系统主机、烟雾传感器监视系统主机、配电监控系统通信接口以及视频监视终端等。

在充电区完成电能的补给，内部建设充电平台、充电机以及充电站监控系统网络接口，同时应配备整车充电机。

更换电池区是车辆更换电池的场所，需要配备电池更换设备，同时应建设电池存储间用于存放备用电池。

电池重新配组、电池组均衡、电池组实际容量测试、电池故障的应急处理等工作都在电池维护间进行。其消防等级按化学危险品处理。

第二节　电动汽车充电站原理

一、电动汽车充电站的充电等级

在商业电网中的电动汽车充电站大致由三个部分组成；电压变换单元，计费单元，充电站与电动汽车的通信单元。小型的应急充电器、家用充电站或者停车场配置的免费充电站（充电费用计入停车费）等可以不考虑计费系统，用电力供应商提供的电度表缴纳电费即可。路边的商业充电站，除了充电系统外还应该包括计费系统。

关于标准的电动汽车充电等级，美国国家电动汽车基础设施理事会 IWCO 按照美国现状，定义了充电站的三个充电等级，这些等级决定了电动汽车充电器额定功率的大小。

（1）等级一：充电由普遍使用的三芯插头上的电网供电直接完成，由于这样的充电方式，充电时间会很长，可以在家庭或夜间停车场采用，充电时间一般为 8—14 小时。

（2）等级二：240V，40A 的充电站可以用在家里，也可以用在工作区停车场，充电时间为 3~ 10 小时，可以作为家用或者备份快速充电站使用。在实际应用中，一般采用 6.6kW 的充电额定功率。

（3）等级三：这是各大电动汽车生产厂商及配套厂商正在花大力气研究开发的一种高能充电技术，当电池的剩余电量为总电量的 800A~200A 时，用这种方式只需 5~10 分钟即可完成充电。这样的速度与内燃动力的汽车在加油站的时间大致相同，对于这种（快充）式充电站的电压和电流没有确定的值，理论上根据采用电池的不同，所需功率为 50kW 以上，典型值最好取 100kW，这样大的功率一般由市电三相整流变换来实现。在实际应用中一般采取 25kW。

在我国，城市电网的民用电压与美国有很大的区别，电网质量也存在很大的差异，因此在规定电动汽车充电站的具体技术指标时，应该充分考虑我国的现状，兼顾充电速度和功率消耗，同时还要考虑对具体的充电等级在电磁兼容性方面的要求。

二、电动汽车充电方式

电动汽车的充电方式除了传统的传导式充电方式外，还有感应式充电方式。

传导式充电方式是最常见的，这种充电方式一般应用在充电等级 2 和等级 3 中。1996 年，美国电力研究院（EPRI）联合了 20 多家公司（这些公司大部分是 IWC 的成员）对有关传导充电方式采用的汽车上的插座、充电电缆等作了具体规定并上报 SAE 形成标准 SAEJ1772。

感应式充电方式采用叶片型感应耦合器。将电能通过电磁感应的方式接入汽车的电池上。例如，通用汽车的 EV1 即是采用 DELCO 公司生产的 Magne Charge 进行充电。这种充电方式对充电等级 1—3 均适用，而且三个等级所用的叶片型感应耦合器均相同。采用这种方式的好处是充电站与电动汽车无电气传导连接，非常安全；三个充电等级采用同一叶片型感应耦合器，有利于电动汽车和充电站的设计。美国汽车工程师协会（SAE）制定的标准 SAFJ1773 中规定了这种充电方式的细节。

三、电动汽车充电站充电时间的特点

不同运行模式的电动汽车对电池的充电时间有不同的要求，而充电时间的不同需要不同的充电方式来满足。此外，不同电池都有其最佳的充电电压、电流和充电时间。电池在常规充电方式下需要较长的充电时间，一般需要 8~ 12h，甚至更长一些。由于二次电池无记忆效应，车载电池能量的补充主要依赖于电网来完成的，即通过采用电网的电能给蓄电池进行充电，充电质量的好坏直接影响到车载动力电池在运行条件下的能量供给、储存和电池的使用寿命等方面，最终影响到电动汽车的使用成本。因此在实际使用中可以采用快速充电方式缩短充电时间，或者采用常规充电方式进行短时间补充充电。电动汽车的充电技术是维持电动汽车运行的一项必备的手段，其对车辆的全使用寿命的影响重大。

常规充电主要在晚间进行。电动车辆在当天运营完毕以后，在专门区域的充电站进行长时间的晚间充电，一般充电至第二天运营开始。晚间充电主要优点在于很好地利用了电网低谷，平衡了该区域日间和夜间的用电。另外，充电站建立在人员密集区域内，使纯电动车辆运行到载客始发站距离较短，节省了动力电池的消耗，提高了电池的利用率。补充充电一般在白天运营过程中进行间断性电池快速充电。对于纯电动车辆，晚间充电的电池电量基本能满足一天的运营要求，但当运营任务过重，或时间过长时，电动车辆就必须充分利用停车待客时间进行电量补充。补充充电采用直插直充的快速充电方式，由于二次电池的无记忆特性，对电池的寿命无明显影响，更重要的是对白天的运营也无影响。

四、电动汽车充电机工作原理

电动汽车充电机工作原理主要有 3 种：不控整流 + 斩波器，不控整流 + DC/DC 变换器（有高频变压器），PWM 整流 +DC/DC 变换器（有高频变压器）。

1. 第一类充电机由工频变压器、不控整流和斩波器组成，特点是直流侧电压纹波小、动态性能好、工频隔离、体积大、电网侧电流谐波大和变换效率低。

第一类充电机属于早期产品，对电网注入的谐波电流大，5 次谐波电流含有率为 60%~69%；7 次为 -40%~49%；11、13 次为 10%~13%，电流总畸变率达 86.2%。

此类充电机谐波电流过大，不适于接入公用电网。

2. 第二类充电机是由工频变压器、三相不控整流和高频变压器隔离 DC/DC 变换器组成，结构框图如图 9-5 所示，由三相桥式不可控整流电路对三相交流电进行整流，滤波后为高频 DC/DC 功率变换电路提供直流输入，功率变换电路的输出经过输出滤波电路后，为动力蓄电池充电，特点是直流侧电压纹波小、动态性能好、高频隔离、体积小、电网侧电流谐波大（30% 左右）和变换效率低。

第二类充电机电流波形比第一类已有较大改善，谐波电流总畸变率达 26.50A，奇次谐波电流较大，特别是 5、7、11、13 次谐波远大于 GB/Z 17625.6-2003 规定的接入条件。

3. 第三类充电机由三相 PWM 整流和高频变压器隔离 DC/DC 变换器组成，整流侧采用 PWM 技术，增加了充电机成本，但优势体现在功率因数高；电网侧电流谐波较小，注入电网的电流总畸变率可以小于 5%，相应各次谐波电流也小，高频隔离，装置体积减小，输出纹波低，动态性能好，变换效率高。采用第 3 类充电机不需要加装谐波治理装置。

五、电动汽车充电站并网

（一）充电站并网的影响因素

充电站的并网方式受到许多因素的影响，包括供电可靠性、建设规模、建设成本等，

1. 供电可靠性要求

供电可靠性是指供电系统持续供电的能力，是考核供电系统电能质量的重要指标，反映了电力工业对国民经济电能需求的满足程度，已经成为衡量一个国家经济发达程度的标准之一。充电站的外部接入在电力安全方面应满足供电可靠性要求。

2. 建设规模

电动汽车充电站的建设规模是指充电站的占地面积、电力负荷容量、电压等级、站内充电机的型号数量等。这些因素直接影响到外部接入的电力设备选型。充电站建设规模越大，对外部接入的要求也越高。

3. 建设成本

电动汽车充电站的建设成本是指充电站在投入使用前的所有建设费用和投入的总和在保障供电运行可靠性和灵活性要求的基础之上，充电站的外部接入应选建设成本低、经济性好的电气接线方式及配电设备。

4. 各类充电站的并网方式

充电站中可为电动汽车提供充电服务的基础设施包括独立设施和独立设备。独立设施是指拥有数目较多且位置相对集中的充电终端，由专人专营的充电服务中心，类似目前的汽车加油站。独立设备是充电终端位置相对分散，兼作泊车用途的充电服务点，如居民小区、社会停车场等处安装的充电设备。

5. 独立设施

独立充电设施多为商业运营，充电终端数目多，其停电影响比较大，可考虑由两同路电源供电，供电变压器亦应有 2 台，应从供用电的安全可靠性及充电站投资成本两方面综合考虑，可采取双路高压电源进线单母线分段的外部接线方式。

6. 独立设备

对于独立充电设备，如：居民小区停车场、社会停车场等处安装的电动汽车充电终端等。其供电可靠性要求要低于独立充电设施，并且从实际情况考虑，往往不具备条件新建专门的供电变压器，只能利用原有的供电配套设施进行改造。必须根据充电设备安装点现有的负荷容量来考虑，包括谷电的负荷。具体方案应根据实际的供电设施、小区的建筑环境具体来确定。

7. 接入电压等级

一般来说，充电站负荷越大，对电网的影响越大。在决定充电站的接入电压等级时，

应充分考虑充电站所在区域车流密度、负荷大小、区域电网容量，及充电站与变电站距离。

对于区域车流密度大、区域负荷大的情况应考虑将电动汽车充电站接人较高的电压等级；反之亦然，区域电网容量越大（即公共连接点 PCC 短路容量大），充电站对该区域电网的影响越小，可以依据建设成本考虑接入的电压等级；反之，则要更多地考虑到其对电网的影响，接入较高的电压等级。

仿真可知充电站配电变压器电源进线长（如 10km）时的各次谐波电流比电源进线短时（如 0km）的小。分析其原因，是电源进线本身有阻抗，在上级电源电压一定时，谐波电流与阻抗成反比。但是，电源进线本身有压降，长线时 PCC 处的电压畸变情况比短线时 PCC 处的电压畸变严重，而且谐波电流允许值也减小了。所以，建议充电机（站）采用较近的上级电源。

依据充电站的规模考虑接入电压等级：大型充电站考虑接入更高的电压等级；小型充电站考虑接入较低电压等级；充电桩可考虑直接供应市电（仿真中有定量分析）。

（二）电动汽车充电站对电网影响

电动汽车充电站是将电网电能转换为车载电池的化学能，为电动汽车提供动力。电动汽车充电站对电网的影响有正负两方面。

正面影响：在用电低谷对动力电池充电，可以减少电网峰谷差，提高配电系统设施的实际利用率，拓展终端电能消费市场;负面影响:动力电池充电机属于非线性装置，会对供电系统产生谐波污染，导致功率因数下降，对供电系统的电能质量带来不利影响，在用电高峰充电时，会加重供电系统的负担。

1. 正面影响——峰谷平衡

城市用电高峰集中在白天，晚上是用电低谷，而电动汽车采用白天行驶、夜间充电的运行方式，有利于电网的峰谷平衡，改善电网负荷特性，减少为维持电网低负荷运转而引起的调峰费用。国家电网公司在推广电动汽车的发展上可以采取对电动汽车充电优惠政策，促进电动汽车可在夜间利用电网的廉价“谷电”进行充电。这样对车主的优惠，对电网的平衡、对盈余电力的消费都将起到很大的作用。电动汽车的发展对城市的新老城区之间的用电峰谷平衡也起到了一定的作用。例如武汉市老城区由于人口密集、商业设施林立，所以用电的容量也有一定的限制，而新城区在建设时已经对未来的发展等都做出了提前准备，所以在用电容量上也相应地配给了很大空间，纯电动小巴的运营区域一般集中在新建的小区之间，因此电动小巴的充电有助于新老城区之间用电的峰谷平衡。电动汽车的充电方式对电网的峰谷平衡；新老城区之间的用电峰谷平衡都起到了很大的作用，可以很大程度上提高企业的效益，电动汽车的推动将为电力市场拓展奠定坚实基础。

2. 负面影响——注入谐波

当前，能源危机和环境污染促使以电动汽车为主的低排放节能汽车得到了重视和发展可以预计，电动汽车在一定的时间和技术、社会背景下将得到普及，但电动汽车的蓄电池存在着使用寿命短、充电时间长的缺点，而且随着电池使用次数的增多，每次充电后电动汽车行驶里程逐渐缩短，易导致电池半路耗尽。所以，为满足电池充电或更换的需要必须建立电动汽车充电机（站），而充电机（站）采用的充电机为非线性设备，在运行时会对电力系统产生影响。充电站对电力系统的影响主要体现在造成谐波污染和电网功率因数的下降等方面。

电动汽车的投入使用，必然要增加相应的充电设备，而充电机对电动汽车充电时，由于直流电流在交流三相之间不断地换相而产生谐波。

谐波的危害十分严重。和许多其他形式的污染一样，谐波的产生影响整体（电气）环境，而且影响范围可能波及距其源点较远之处。谐波对电力系统产生的危害主要有以下几点。

（1）对电费计量系统：将谐波电流计为有功电流，造成用户多支出电费。

（2）对计算机和一些其他电子设备：较高的谐波可导致控制设备误动作，进而造成生产或运行中断。

（3）对变压器：谐波电流可导致铜损和杂散损耗增加，谐波电压则会增加铁损，加剧变压器的发热，而且谐波也会导致变压器噪声增加。

（4）对电力电缆：导线损增加。

（5）对发动机和电动机：机械振动会受到谐波电流和基波频率磁场的影响，如果机械谐振频率与电气励磁频率重合，可发生共振进而产生很高的机械应力，导致机械存在受损的危险。

（6）对电子设备：电压谐波畸变可导致控制系统对电压过零点与电压位置点的判断错误，使控制系统失控，而电力与通信线路之间的感性或容性耦合亦可造成对通信设备的干扰。

（7）对开关和继电保护：导致电子保护式低压断路器之固态跳脱装置不正常跳闸。电网上一般的谐波很可能对由序分量滤过器组成启动元件的保护及自动装置产生干扰。

（8）对功率因数补偿电容器：谐波引起的发热和电压增加会导致电容器使用寿命的缩短。谐波引起电网中局部的并联谐振和串联谐振将导致谐波电压和电流明显地高于在无谐振情况下出现的谐波电压和电流。

充电站中用电设备中不含大型冲击性设备，预计其对公用电网产生的电压变动和电压闪变的影响比较小，满足国标要求；用电设备多为三相用电，预计其对公用电网产生的三相电压不平衡度比较小，满足国标要求。

第三节　电动汽车充电站的建设与运行

一、充电站规划原则

电动汽车充电站布局包括“需求”和“可能性”两个因素：衡量充电站需求的主要指标是交通量与服务半径两个要素，决定可能性与否关键在于交通、环保及区域配电能力等外部环境条件与该地区的建设规划和路网规划。

（一）充电站分布与电动汽车交通密度和充电需求的分布尽可能一致

交通密度是指在单位长度车道上，某一瞬间所存在的车辆数，一般用辆车道表示。根据定义，密度基本上是在一段道路上测得的瞬时值，它不仅随时间的变化而变动，也随测定区间的长度而变化。为此，常将瞬时密度用某总计时间的平均值表示。该区域的电动汽车交通密度越大，说明在区域内运行的电动汽车数量越大，从而对充电站点的需求也会越大。

充电需求是指一定数量的电动汽车在特定时间和特定地点对充电的需求。充电需求和交通密度密切相关，但又受到电动汽车的运行方式的制约。例如，对于电动公交车来说，其起（终）点站为其充电需求区域，会增加其运营线路上的电动汽车交通密度；企业班车以企业所在地为其充电需求区域，会增加其行驶线路上的电动汽车交通密度：

充电站网点数量控制应考虑与充电需求的分布可能保持一致，应与各区域的电动汽车交通密度成正比。

（二）充电站的布局应符合充电站服务半径要求

电动汽车充电站的分布可以参考建设部《城市道路交通规划设计规范》（1995）中的加油站服务半径规定，结合电动汽车自身的运行特点以及各区域的计算服务半径按实际需要设定。由于各交通区域的交通密度不一样，反映充电站网点密度的服务半径也各不相同。动力电池的续驶能力是影响充电站服务半径的另一大因素。目前，电动汽车动力电池的理论单次充电行驶里程在150~200km左右，实际上，考虑电池的寿命老化、交通拥堵等现实因素，从保证电动汽车使用者连续行驶角度出发，充电站的服务半径应以电动汽车单次充电行驶里程100km（甚至更短）计算。只有这样才能有效保障电动汽车的持续行驶能力。

（三）充电站的设置应满足城市总体规划和路网规划要求

充电站布局是对不同区域的充电站需求条件分析后得出的结果，但是充电站具体选址定点还需考虑其实施的可能条件。充电站的选址定点应结合地区建设规划和路网规划，以网点总体布局规划为宏观控制依据，经过对布局网点及其周围地区规划选址方案的比较，确定网点设置用地。从长远考虑，充电站的设置应有与城市规划和路网规划相匹配的统筹规划。政府应对充电站的建设应采取市场准入制度，根据城市发展规划及电动汽车推广应用情况对充电站布局建设做出科学规划安排，防止出现“一窝蜂”的重复投资现象，减少投资浪费。

（四）充电站的设置应充分考虑本区域的输配电网现状

电动汽车充电站运营时需要高功率的电力供应支撑，在进行充电站布局规划时，应与电力供应部门协调，将充电站建设规划纳入城市电网规划中。城市电网规划是城市电网发展和改造的总体计划。将充电站布局规划纳入城市电网规划中，可以提高充电站电能供应的安全性和稳定性，为充电站运营提供可靠的电力供应保障。另外，由于电动汽车充电设备是一种非线性负荷，工作时产生的谐波电流很高，谐波注入电网会造成电能质量降低等负面影响。在充电站快速短时充电时，由于负荷变化太快，冲击电压也可能对电网造成影响。这些都需要在建设充电站时予以考虑。

以上海地区为例，据预测，到 2020 年电动汽车年电力需求乐观预测将达到 73.7 亿 kW · h。因此，未来的电力配送体系和充电站基础设施建设应能支撑电动汽车巨大的电能需求。同时，电动汽车充电量的需求也将影响着供电系统中充电方式及导线、开关电器和变压器等设施的选择，以保证供电系统安全运行。

（五）充电规划应充分考虑电动汽车未来发展趋势

随着国家强力推动，电动汽车行业将会出现长足发展。在进行电动汽车充电站布局规划时应充分考虑到电动汽车的推广应用对充电站建设的推动作用，规划应具有前瞻性和全局性，应留有潜力，能够适应未来数年内电动汽车的发展要求。

以充电机整流模块（PUM）设计为例，目前该模块的安装尚无相关标准，从技术上看，既可以安装在车内，也可集成于地面充电机内。作为充电设施供应商，从经济角度来说，当然希望将 PUM 安装在车内，这样可以简化充电机设计，并且降低生产成本。但车内安装 PUM 将占用车辆空间，降低车辆的有效载荷，同时，这部分成本将转嫁到电动汽车使用者一方，提高了消费者购车成本，不利于电动汽车的推广应用。

二、电动汽车充电站容量选择及建设方案

（一）电动汽车充电站容量选择

电动汽车充电量的总体需求是影响充电站布局的关键因素。只有充电量达到一定规模之后，充电站才可能实现经济地大规模布点。电动汽车充电量与电动汽车保有量

及车辆的日均行驶里程、单位里程能耗水平等相关。以上海市为例，据预测，到 2020 年电动汽车年电力需求乐观预测将达到 73.7 亿 kW · h，这将要求电动汽车充电站具有相当规模才能满足车辆的充电需要。

充电站的规模主要由以下几个因素决定。

1. 变压器台数

变压器台数的选择应满足负荷对可靠性的要求。充电站为电动汽车提供电能作为动力源，配电站的电力负荷级别确定为 2 级，采用双路供电但不配置后备电源，选用 2 台变压器。若充电机（站）非常普遍，则只需 1 台变压器即可，充电站供电可靠性的降低由其数量来弥补。若小区建充电机（站），可考虑利用小区配电变压器而不另设变压器，以减少投资。

2. 变压器容量

配电系统的容量应包括动力用电、监控和办公等用电。变压器的容量应能满足全部用电设备的计算负荷，并留有一定的容量裕度，同时充电的车辆数量、电池容量和数量以及运营方式决定了充电站的容量。充电站有整车充电方式和更换电池方式。前者需要为每车配备一组电池，后者需要根据实际需要确定后备电池的数量。

3. 充电机数量

充电车辆类型、行驶里程要求和充电站运营模式决定了充电机的配置，充电机的选择包括确定充电机的输出功率和需配备的台数。

（二）电动汽车充电站建设方案

根据不同的充电方式逐一分析各种充电站建设模式的典型规模及电力配套的典型配置。

1. 常规充电

在常规充电方式下，一般需要考虑夜间谷电充电和随机充电两种情况。根据目前电动汽车常规充电的数据资料，考虑充分利用晚间谷电进行充电的情况下，一般以 20~40 辆电动汽车来配置一个充电站，这种配置的缺点是充电设备利用率低。在高峰时也考虑充电，即采用随机充电方式，则可以 60~80 辆电动来配制一个充电站，缺点是充电成本上升，增加高峰负荷。

根据国内外充电站建设电力配套的基本参数，结合我国的电网特点，在默认充电机具有谐波处理能力的条件下设计常规充电站电力配套的典型配置如下所述。

方案一：建造配电站设计 2 路 10kV 电缆进线（配 3 × 70mm 电缆），2 台 500kVA 变压器，24 路 380V 出线。其中两路为快速充电专用出线（配 4 × 120mm 电缆、50m 长、4 回路），两路为机械充电或备用出线，其余为常规充电出线（配 4 × 70mm 电缆、50m 长、20 回路）。

方案二:设计 2 路 10kV 电缆进线(配 3×70mm 电缆),设置 2 台 500kVA 用户箱变,每台箱变配 4 路 380V 出线(配 4×240mm 电缆、20m 长、8 回路),每路出线设置一台 4 回路电缆分支箱向充电柜供电(配 4×70mm 电缆、50m 长、24 回路)。

2. 快速充电

根据目前电动汽车快速充电的数据资料,典型的快速充电站一般以同时向 8 辆电动汽车充电来配置一个充电站。

在快速充电方式下,充电站电力配套的典型配置模式如下:

方案一:建造配电站设计 2 路 10kV 电缆进线(配 3×70mm 电缆),2 台 500kVA 变压器,10 路 380V 出线(配 4×120mm 电缆、50m 长、10 回路)。

方案二:设计 2 路 10kV 电缆线(配 3 × 70mm 电缆),设置 2 台 500kVA 用户箱变,每台箱变配 4 路 380V 出线,供充电站(配 4×120mm 电缆、50m 长、8 回路)。

3. 机械充电

小型机械充电站可以结合常规充电站建设同时考虑,可以根据需要选择更大容量的变压器。大型机械充电站一般以 80~100 组充电电池同时充电配置一个大型机械充电站,主要适用于出租车行业或电池租赁行业,一天不间断地可以完成对 400 组电池的充电。

小型机械充电站的典型配置与常规充电雷同,在此主要介绍大型机械充电站电力配套的典型配置:配电站 2 路 10kV 电缆进线(配 3×240mm 电缆),2 台 1600kVA 变压器,10 路 380V 出线(配 4×240mm 电缆、50m 长、10 回路)。

4. 便携式充电

别墅一般具备三相四线表计,独立的停车库,可以利用已有的住宅供电设施,从住宅配电箱专门放一路 10 mm^2 或 16 mm^2 的线路至车库的专用插座,来提供便携式充电电源。

一般住宅具有固定的集中停车库,一般要求地下停车库(充电安全考虑),可以利用小区原有的供电配套设施进行改造,必须根据小区已有的负荷容量来考虑,包括谷电的负荷。具体方案应根据小区的供电设施、方案以及小区的建筑环境具体确定。

三、电动汽车充电方式选择

电动汽车的充电方式需要依据电动汽车的不同种类、不同用途来选择,本节先介绍电动汽车的种类并简要分析其发展趋势,然后介绍电动汽车的各种充电方式,最后依据不同电动汽车的不同用途来对充电方式进行选择。

(一)电动汽车种类及发展趋势

电动车可分为燃料电池电动车、混合电动车、纯电动车 3 类。

1. 燃料电池电动汽车

燃料电池电动汽车（FCEV）以氢气作为质子交换膜燃料电池发电的燃料，为汽车电动机提供电能，需并联动力型电池或超级电容器以满足起动和爬坡时所需的功率。由于氢气的生产、储存和运输等问题尚未解决，加之氢燃料电池本身的系统复杂性、寿命不够长、氢基础设施的建设难度、铂资源的有限性以及居高不下的成本，应用在电动汽车上还需经历漫长的研发过程。

2. 混合电动汽车

混合电动汽车分为串联式、并联式和混联式，目前已商业化的是混联式油—电混合动力汽车（HEV），它不需要外充电。油—电混合动力汽车以日本的普锐斯为代表，有内燃机和电机驱动两套动力系统，各有变速机构，两套机构通过行星轮式齿轮机构结合在一起，从而综合调节内燃机与电动机之间的转速关系。此车所需电池组的容量小，电动机动力系统只在车辆起动和爬坡时提供辅助功率，电池的电来自车上的内燃机发电和制动回收的电能，故全用油，省油不多（平均节油率可达 10%~15%）；结构复杂，加工要求高，价格不低，适合于内燃机工业先进国家的汽车电动化初级阶段，以维持其现有强大内燃机工业的生产秩序，也是我国某些汽车企业企图效仿的“两步走”发展路线的车种。充电式混合电动汽车（Plug-in，PHEV）也有电、油两动力系统，电池组容量较大，用市电给电池充电，纯电动行驶 40~60km，长距离行驶时内燃机的动力直接传到变速箱。在市内行驶时是纯电动汽车。

3. 纯电动汽车

纯电动汽车（BEV）是只有电动机向变速箱传动能量的一个动力系统，它只用电，不用油，蓄电池用市电充电，“增程式”电动汽车（EREV，又称“双充式”电动车），其电池先由市电充电供市内行驶，长途行驶中由车上的小型发电机（用油）在最佳工况下发电，既可不断给电池充电，又可驱动电动机；传到车轴上的动力也是完全由电动机提供。“增程式”电动汽车（EREV）和充电式混合电动汽车（PHEV）都是一种过渡型电动汽车。是在蓄电池能量密度较低和电池成本较高时期推动电动汽车发展的一种策略性选择。

纯电动汽车的优势最大：一是节油率高，粗略估计 1000 万辆纯电动轿车用电，每日约可替代汽油 5 万吨，EREV 的节油率也高达 50% 以上；二是无污染和 CO 排放最少；三是结构简单，无油路和水路，使用、维修方便；四是全费用（车价 + 能源价）低于燃油汽车；五是电池可在夜间利用廉价“谷电”和现成的电网线路充电，既推销了“谷电”（主要是核电和风电），为电网“分散调峰”，又可节省大量建设抽水蓄能电站的经费。

我国发展电动汽车现要选择路线是“一步走”还是“两步走”，也就是“发展纯电动汽车”还是“先发展油电混合动力汽车，再发展纯电动汽车”？有关专家认为：油—电混合动力汽车省油不多，结构复杂，我国无优势技术，费工费料，价格昂贵。纯电动汽车最适合我国缺少石油而内燃机技术水平不高的国情，最能减少城市空气污染和二氧化碳排放，结构简单，使用、维修方便、节材节能。所以，我国应该“一步走”，即发展纯电动汽车应该成为我国的战略选择，实现汽车工业的跨越发展，至于个别企业，如在混合动力技术方面有优势，产品价格又能为市场所接受，则生产混合电动汽车也未尝不可，国家政策也可根据其节油率的大小给予合理的补贴，但这只能是一种过渡的策略性安排，可以与国家发展纯电动汽车的战略路线并行不悖。

（二）电动汽车种类的发展趋势

日本的普锐斯是当前最成熟的混合电动车，累计销出百余万辆，主要行销于日、美等国；也在中国推销，但因价格太贵，销量甚微（在中国上市 3 年多，共卖出 3465 辆）：20 世纪末开始研发的普锐斯混合电动车是在日本特定的技术基础条件下诞生的，它有内燃机车的先进工业生产和强大设计力量，作为起动—爬坡及制动能量回收的辅助电源所用氢镍电池（所需容量仅 6Ah），更是其强项。日本经产省 2009 年 6 月发布的“创新能源技术计划——电动汽车与电池技术”已明确提出 2013 年将开发出 PHEV，2015 年再发展 BEV，这是近年来锂离子动力电池技术发展到相应水平后的必然趋势。日本的日产汽车公司和三菱汽车公司由于无法与丰田公司争夺 HEV 市场，就大力发展纯电动汽车。

美国奥巴马政府于 2009 年 8 月发布了“下一代电池和电动汽车计划”，总经费 24 亿美元，要求企业按 1 ∶ 1 的比例配套 24 亿美元，发展 9 类、48 个科研生产项目。其中，15 亿美元资助美国的电池及其配件制造者，以期在美国本土制造电动汽车动力电池，包括电池及其材料制造 8 项共 12.47 亿美元、先进电池配件的制造 10 项共 2.35 亿美元、先进锂离子电池再生技术 1 项 950 万美元。5 亿美元资助电动力系统（电动机、电路系统及其他动力系统器件）的制造者，7 项共 4.651 亿美元，电动车的下游器件制造 3 项共 3 230 万美元。4 亿美元用来购买 7000 余辆全电动汽车和“插电式”电动车，在多个地点做演示验证，研究并评估它们的性能，建立充电系统，并教育、培训出先进电动汽车领域的专业人才支撑该行业的发展，包括先进车辆电气化 4 项共 2.152 亿美元、交通部门电气化 1 项 2220 万美元、先进车辆电气化 + 交通部门电动化 3 项共 7050 万美元、先进电动汽车教育计划 10 项共 3910 万美元。

在 15 亿美元资助美国的电池经费中没有镍氢电池和燃料电池（后经燃料电池电动汽车游行和对同会参、众两院的游说，2009 年 11 月增补了燃料电池研究经费 1.8 亿美元，仍低于 2008 年度的拨款额）。在先进车辆电气化的 7000 余辆演示电动汽车中，纯电动汽车最多，计有续航里程为 150km 的尼桑电动车 5000 辆，续航里程为 150km 的先进电池电动卡车 400 辆（重 5.488t），100 辆电动运输车包括“Ampere 型”的福特运输型概念车“Faraday 型”福特 F150 电动车，厢式货车以及“Newton”中型卡车。增程式电动汽车方面，要制造数百辆雪弗兰 Volt 增程式电动汽车。PHEV 品种较多，计有 220 辆先进的乘用车和小货车、由 378 辆卡车和穿梭巴士组成的车队（车重 3.856~8.845t）、150 辆福特 PHEV（包括 130 辆福特 Escape 混合动力车，20 辆福特 E450 厢式货车）、125 辆 Volt PHEV 提供给电子器件公司及 500 辆 Volt PHEV 提供给消费者。

值得注意的是，"下一代"电池和电动汽车计划中没有燃料电池电动车和油—电混合电动车的演示验证。可见，美国现在已将纯电动车放在优先发展的位置，对增程式电动车和"插电式"（电—油）混合动力车也有安排。

（三）电动汽车充电方式介绍

根据电动汽车动力电池组的技术和使用特性，电动汽车的充电模式存在一定的差别。对于充电方案的选择，现今普遍存在整车充电系统（包括常规充电、快速充电两种模式）和地面充电系统两种模式。

1. 整车充电系统——常规充电

蓄电池在放电终止后，应立即充电（在特殊情况下也不应超过 24h），充电电流相当低，约为 15A，这种充电叫作常规充电（普通充电），常规蓄电池的充电方法都采用小电流的恒压或恒流充电，一般充电时间为 5~ 8h，甚至长达 10~20h 常规充电模式的优点为：

（1）尽管充电时间较长，但因为所用功率和电流的额定值并不关键，因此充电器和安装成本比较低。

（2）可充分利用电力低谷时段进行充电，降低充电成本：

（3）可提高充电效率和延长电池的使用寿命。常规充电模式的主要缺点为充电时间过长，当车辆有紧急运行需求时难以满足。

（4）设计电动汽车的续驶里程尽可能大，需满足车辆一天运营需要，仅仅利用晚间停运时间充电。

（5）由于常规充电以相当低的电流为蓄电池充电，因此在家庭、停车场和公共充电站都可以进行。

（6）常规充电站一般规模较大，以便能够同时为多辆电动汽车进行充电。

2. 整车充电系统——快速充电

常规蓄电池的充电方法一般时间较长，给实际使用带来许多不便。快速充电电池的出现，为纯电动汽车的商业化提供了技术支持。快速充电又称应急充电，是以较大电流短时间在电动汽车停车的 20min 至 2h 内，为其提供短时充电服务，一般充电电流为 150~400A。快速充电模式的优点为：

（1）充电时间短。

（2）充电电池寿命长（可充电 2000 次以上）。

（3）没有记忆性，可以大容量充电及放电，在几分钟内就可充 70%~80% 的电。

（4）由于充电在短时间内（约为 10~15min）就能使电池储电量达到 80%~90%，与加油时间相仿，因此，建设相应充电站时可不配备大面积停车场。但是，相对常规充电模式，快速充电也存在一定的缺点：一是充电器充电效率较低，且相应的工作和安装成本较高；二是由于采用快速充电，充电电流大，这就对充电技术方法以及充电的安全性提出了更高的要求，同时计量收费设计也需特别考虑；三是由于充电电流大，输出功率高，对电网产生较大冲击，对电网电能质量产生较大影响，需要设计相应的缓冲装置。

这种充电模式适用情况有两种：一种是电动汽车续驶里程适中，即在车辆运行的间隙进行快速补充电，来满足运营需要；另一种是由于相应的大电流需求可能会对公用电网产生有害的影响，因而快速充电模式只适用于专用的充电站。

3. 地面充电系统——电池组更换

即电池组快速更换系统，也称机械充电。通过直接更换电动汽车的电池组来达到为其充电的目的。由于电池组重量较大，更换电池的专业化要求较强，需配备专业人员借助专业机械来快速完成电池的更换、充电和维护。

采用这种模式，具有如下优点：

（1）电动汽车用户可租用充满电的蓄电池，更换已经耗尽的蓄电池，有利于提高车辆使用效率，也提高了用户使用的方便性和快捷性。

（2）对更换下来的蓄电池可以利用低谷时段进行充电，降低了充电成本，提高了车辆运行经济性。

（3）从另一个侧面来看，也解决了充电时间乃至蓄存电荷量、电池质量、续驶里程长及价格等难题。

（4）可以及时发现电池组中单电池的问题，对于电池的维护工作将具有积极意义。电池组放电深度的降低也将有利于延长电池的寿命。这种模式应用面临的几个主要问题是：电池与电动汽车的标准化；电动汽车的设计改进、充电站的建设和管理，以及电池的流通管理等。

这种模式适用条件为：

第一，车辆电池组设计标准化和易更换。

第二，车辆运营中需要及时更换电池来满足运行，充电站中电池充电和车辆可实现专业化快速分开。

第三，由于电池组快速更换需要专业化进行，因而电池组快速更换模式只适用于专用的充电站。

综上所述，以上各种充电模式各有自身的特点和适用范围。因此，在应用中，可以将上述各种方法有机结合，以达到实际的行驶要求。

（四）电动汽车充电方式选择

在不同的运行模式下，电动汽车对其续驶能力和充电时间要求也不同，从而影响着充电的方式和电能的消耗，充电站建设方式和功率需求也将受到直接影响。根据不同的用户类型，电动汽车可以分为示范区用车、集团车队、社会车辆、微型车辆。下面分别对其充电方式进行分析。

1. 示范区用车的充电方式

如果为示范运行配备的车辆数有限，则为了提高车辆运营效率，建议采用更换电池组的方式，但是这就需要增加电池组的投资；如果配备的车辆能够满足运营要求，建议采用整车充电方式，这样就可以降低电池组的投资，减少电池更换操作造成的工作量。鉴于示范区用车数量少，运行范围相对集中，可以在示范区内建立集中的大型充电站（电池更换点），实现规模化运作。

2. 集团车队的充电方式

建议采用整车充电方式。这是由于它们的行驶里程和路径可预估，可充分利用夜间停运时段进行充电，满足下一次的行驶里程需要。集团车队一般可充分利用集团的固定停车场建立充电站，主要利用夜间谷电充电。

3. 社会车辆的充电方式

根据车辆运营的目的采取适合的方式。比如，出租车和载客大巴车，需要及时快速补充电能，尽量增加运营时间，获得更大的经济效益，建议在始发站点建立专用充电站或电池更换点，提高运营效率；用于上下班的私家车，停放时间和位置相对确定，可充分利用停靠的时间进行充电，因此，可以依托停车场所，建立简易充电设施提供充电服务，这样，不用兴建大规模的集中充电站，可以大大降低成本。

4. 微型车辆的充电方式

根据个体实际情况决定采用整车充电方式或电池组更换方式的充电方式。这类电池的容量较小，充电时间不会太长，电池的成本较低，补充电能的方式只要方便使用者即可。对于充电站而言，车辆进入充电站的运行机制也会影响着充电站功率需求。车辆进入充电队列时间越集中，充电站电力负荷将越大，充电站功率需求将越大。这里特别要提及的是，电动车应充分利用电网谷电阶段进行充电，对车辆所有者而言，最大限度降低运行成本，而电网公司则可借此调节电网的峰谷差。

四、电动汽车充电站运行方式选择

电动汽车的运行方式选择需要考虑区域电源的运行情况和区域负荷的实时情况。

所谓电动汽车充电站的运行方式主要指两种控制手段：一是投入使用的充电机台数；二是充电电价的浮动。在区域电源供不应求、区域负荷过大时投入较少的充电机并提高充电电价；反之亦然。下面分别阐述电动汽车充电站和不同电源的配合运行。

（一）电动汽车充电站和常规电站的配合运行

一般情况下，常规电站的运行都是有计划的，是可以预期和控制的。因此，电动汽车充电站与常规电站的配合运行比较容易。

在用电高峰期，常规电站发电供不应求，需要电动汽车充电站配合减轻负荷，此时可考虑适当地减少投运的充电机台数并提高充电电价。考虑到电价的经常变动会引起用户的不满，因此更多地考虑以检修的名义减少投运的充电机台数。

常规电站的运行是有计划的，依据全年常规电站的运行计划制定全年电动汽车充电站的收费标准是一个很好的配合运行的方案。一般来说，夏季和冬季是用电较多的时候，可将充电站这两季的收费提高。依据前一年或几年的用电负荷曲线，制订电动汽车充电站的收费计划也是可行方案，在实际运行中可再做微调。

（二）电动汽车充电站和分布式电源的配合运行

分布式电源如太阳能发电站、风电发电站等新兴的能源形式相对于常规电站（如火力发电、水力发电）在计划性、可预期性和可控性方面较弱。当未来某些区域用电主要靠这些分布式电源时，电动汽车充电站的配合运行就显得格外重要和困难了。

分布式电源的可预测性较差，但并非不可预测，通过和气象部门的配合，获得未来的风力、太阳照度等情况，并据此进行分布式电源发电量的预期，再将该信息传递给电动汽车充电站的管理部门，管理部门预先制订出充电站运行方式（投运台数和电价），再依据实际情况做微调，当然，在影响不大的情况下不建议经常改变运行方式。

还可以借鉴充电站和常规电站配合运行的经验，依据过去一年或几年的发电用电情况预先确定下一年的充电站运行方式，再在实际运行中进行微调，以达到最佳的配合运行效果。

（三）多个充电站配合运行

可以预见，未来几十年电动汽车充电站的数量将逐步追上甚至赶超如今加油站的数量。和加油站不同，充电站都连接到电网，是一个整体，在运行时要更多地考虑整体利益和互相之间的配合。

通过上面两节的阐述可以知道，在不同区域电网下的充电站运行方式应是不同的。下面分别阐述在同一区域和不同区域充电站的配合。

1. 同一区域中多个充电站的配合运行

总的来说，同一区域中的充电站的运行方式应该是一样的，也就是说投运的台数（比例）和电价应该一样。那么配合体现在哪里呢？在于规划。要在该区域中选择合适的充电站布点，使得各个充电的使用率几乎平均。可以考虑先在几个重要的地段建设较大型的示范充电站，之后陆续布点较小型的充电站，并在刚投入使用时以较低的电价吸引一部分用户的注意，再逐步恢复统一运行。

2. 不同区域多个充电站的配合运行

由于不同区域的发电用电情况不同，它们的运行方式会有所差别，但是由于不同区域间一般会有电量的交换，比如 A 区域发电量有富余而 B 区域发电不够使用，此时 A 区域就将多余的电输送（卖）给 B 区域，此时 A 区域加大投运台数并降低充电电价，B 区域减少投运台数并提高充电电价，可以起到一定的平衡区域负荷的作用。特别是在 A 和 B 区域有较多车辆往来（即经济、社会、文化交往频繁）时，将更好地平衡作用。

参考文献

[1]（美国）桑杰·戈埃尔（Sanjay Goel）. 智能电网安全 [M]. 北京：中国民主法制出版社，2020.

[2] 白晓民，张东霞 . 智能电网技术标准 [M]. 北京：科学出版社，2018.

[3] 拜克明，张水喜，靳保卫 . “互联网 +”模式下的智能电网发展 [M]. 北京：中国水利水电出版社，2015.

[4] 蔡旭，李征 . 区域智能电网技术 [M]. 上海：上海交通大学出版社，2018.

[5] 陈国振 . 智能电网广域监测分析与控制技术研究 [M]. 成都：电子科技大学出版社，2018.

[6] 李宏仲，段建民，王承民 . 智能电网中蓄电池储能技术及其价值评估 [M]. 北京：机械工业出版社，2012.

[7] 李建林，李蓓，惠东 . 智能电网中的风光储关键技术 [M]. 北京：机械工业出版社，2013.

[8] 李立涅，郭剑波，饶宏 . 智能电网与能源网融合技术 [M]. 北京：机械工业出版社，2018.

[9] 李琦芬，刘华珍，杨涌文，刘晓婧 . 智能电网 智慧互联的“电力大白”[M]. 上海：上海科学普及出版社，2018.

[10] 李一龙 . 智能微电网控制技术 [M]. 北京：北京邮电大学出版社，2017.

[11] 乔林，刘颖，刘为 . 智能电网技术 [M]. 长春：吉林科学技术出版社，2020.

[12] 邱欣杰 . 智能电网与电力大数据研究 [M]. 合肥：中国科学技术大学出版社，2020.

[13] 施泉生等 . 面向智能电网的需求响应及其电价研究 [M]. 上海：上海财经大学出版社，2014.

[14] 夏向阳 . 智能电网中多谐波源相互影响与控制方法 [M]. 徐州：中国矿业大学出版社，2018.

[15] 张建宁，吕庆国，鲍学良 . 智能电网与电力安全 [M]. 汕头：汕头大学出版社，2019.

[16] 中国智能城市建设与推进战略研究项目组 . 中国智能电网与智能能源网发展战略研究 [M]. 杭州：浙江大学出版社，2016.